Linguistische
Arbeiten 205

Herausgegeben von Hans Altmann, Herbert E. Brekle, Hans Jürgen Heringer, Christian Rohrer, Heinz Vater und Otmar Werner

BEVATON – Berliner Verfahren zur auditiven Tonhöhenanalyse

Herausgegeben von
Hans-Heinrich Lieb

Max Niemeyer Verlag
Tübingen 1988

CIP-Titelaufnahme der Deutschen Bibliothek

BEVATON – Berliner Verfahren zur auditiven Tonhöhenanalyse / hrsg. von Hans-Heinrich Lieb. – Tübingen : Niemeyer, 1988.
(Linguistische Arbeiten ; 205)
NE: Lieb, Hans-Heinrich [Hrsg.]; GT

ISBN 3-484-30205-4 ISSN 0344-6727

Printed in Germany. Druck: Weihert-Druck GmbH, Darmstadt.

VORWORT

Mit BEVATON wird ein Analyseverfahren vorgestellt, das es erlaubt, die gehörte Melodie von Sprechschall-Ereignissen mit größtmöglicher Detailliertheit zu charakterisieren. Es verbindet eine auditiv urteilende Person mit einer maschinellen Komponente, die hauptsächlich der digitalen Signalverarbeitung dient. Das Verfahren ist u.a. bei phonetischen oder sprachwissenschaftlichen Untersuchungen syntaktischer Akzente anwendbar.

BEVATON hat je eine Segmentierungskomponente zur Gewinnung von Lautsegmenten, Silbensegmenten und größten tonhöhenkonstanten Abschnitten von Silbensegmenten. Durch weitere Komponenten werden einerseits ganze Silbensegmente, andererseits ihre Abschnitte tonhöhenmäßig verglichen; ferner wird jeder Abschnitt in seiner gehörten Höhe numerisch charakterisiert, indem ihm die Frequenz eines Referenztones gleicher Höhe zugeordnet wird.

Die Segmentierungskomponenten haben dienende Funktion. Faktisch wird jedoch das klassische Problem der Laut- und Silbensegmentierung in voller Breite aufgenommen und unabhängig von Fragen der Tonhöhenanalyse behandelt.

Bei der Entwicklung von BEVATON wurde - anders als seinerzeit im Strukturalismus - großer Wert darauf gelegt, zwischen Methode und vorausgesetzter Theoriebildung zu unterscheiden. BEVATON setzt eine phonetisch-phonologische Theorie voraus, die zwar mit der Methode korrelierbar, jedoch von ihr unabhängig ist.

Die drei vorgelegten Arbeiten lassen sich folgendermaßen charakterisieren. Bei LIEB/HABERBECK/FENCHEL wird BEVATON detailliert als Verfahren beschrieben; die Art der Verfahrensdarstellung dürfte eigenes Interesse beanspruchen. RICHTER stellt die Ergebnisse einer Untersuchung dar, mit der die Zuverlässigkeit des Verfahrens überprüft wurde. (BEVATON ist bereits auf mehrere hundert Äußerungen angewandt worden.) LIEB klärt verfahrensunabhängig die wichtigsten sprachtheoretischen Begriffe und Annahmen, die bei BEVATON vorausgesetzt werden; diese Arbeit kann auch als eigenständige Grundlagenstudie auf dem Gebiet der Phonetik und Phonologie gelesen werden.

Die Arbeiten des vorliegenden Bandes fügen sich in den weiteren Rahmen der Integrativen Sprachwissenschaft ein, wo Phonetik und Phonologie bisher nur ansatzweise behandelt wurden; sie füllen hier eine Lücke. Die drei Arbeiten richten sich primär an Sprachwissenschaftler und Phonetiker, und zwar unter theoretischem ebenso wie praktischem Gesichtspunkt; der Problemhorizont der Linguistischen Datenverarbeitung ist einbezogen. Wegen der besonderen Art der Methodenentwicklung und -darstellung dürfte der Band ferner das Interesse von Wissenschaftstheoretikern und Methodologen finden; insbesondere wird man ihn bei der Diskussion um eine 'kognitive Wissenschaft' heranziehen können.

Eine erste, gedrängte Fassung der drei Arbeiten war für den folgenden Sammelband vorgesehen: Hans Altmann (Hrsg) 1988, Intonationsforschungen, Tübingen, Niemeyer (Linguistische Arbeiten 200). In der Folge erwies sich jedoch die eigentliche Verfahrensdarstellung als so aufwendig, daß für alle drei Arbeiten eine eigene Veröffentlichung notwendig wurde. Allerdings wurde von einer unnötigen Ausweitung abgesehen; insbesondere sind auch in der neuen Fassung Teile, die den Forschungsstand referieren, nicht hinzugefügt worden.

Berlin (West), April 1988 Hans-Heinrich Lieb

INHALT 1: Überblick

Vorwort.. V

Inhalt 2: Lieb/Haberbeck, Das Berliner Verfahren........... VIII

Inhalt 3: Richter, Zuverlässigkeit........................ XI

Inhalt 4: Lieb, Auditives Segmentieren.................... XII

Hans-Heinrich Lieb und Rolf Haberbeck,
unter Mitarbeit von Klaus Fenchel

Das Berliner Verfahren zur auditiven Tonhöhenanalyse
(BEVATON)... 1

Brigitte Richter:

Die Zuverlässigkeit von BEVATON........................... 117

Hans-Heinrich Lieb:

Auditives Segmentieren: eine sprachtheoretische Grund-
legung.. 147

INHALT 2: Lieb/Haberbeck, Das Berliner Verfahren

0 Einleitung.................................. 1
0.1 Entwicklung von BEVATON.................. 1
0.2 Allgemeine Bemerkungen zu BEVATON........ 2
0.3 Zur Darstellung des Verfahrens........... 4
0.4 Zum Verfahrensbegriff: BEVATON als Verfahren.......... 5
0.5 Zur Unterscheidung von Eingabedaten, Zielobjekten und Resultaten.......... 7

1 Allgemeine Kennzeichnung.................. 10
1.1 BEVATON als instrumentelles Verfahren.... 10
1.2 Verfahrensvarianten und Teilverfahren.... 13
1.3 BEVATON-A: Die Teilverfahren ohne PAR.... 15
1.4 PAR-A, PAR-A' und PAR-B.................. 17
1.5 Zu den Bestimmungsverfahren für Tonhöhen.............. 19

2 LAUT
2.1 Allgemeine Kennzeichnung................. 21
2.2 Verfahrensvoraussetzungen und einleitende Schritte.... 24
2.3 Bestimmung des Segmentkerns.............. 26
2.4 Bestimmung des Segments. Verfahrensabschluß.......... 30
2.5 Die Bestimmung des endgültigen Segmentkerns im einzelnen.......... 32

3 Erläuterungen.............................. 36
3.1 Bemerkungen zu den §§ 2.1 bis 2.4........ 36
3.2 Bemerkungen zu § 2.5..................... 40
3.3 Vollständige und unvollständige Anwendungen von LAUT.......... 42

4 Zu den sprachtheoretischen Grundlagen von LAUT............ 43
4.1 Lautinkompatibilität: eine sprachtheoretische Schlüsselannahme 43

4.2 Komplexe Laute, lange Laute, Doppellaute.............. 44
4.3 Das Problem der Konsonantenverbindungen.............. 46
4.4 Verschiedene homorgane Verschlußlaute................. 48
4.5 Gleiche Verschlußlaute................................ 49
4.6 Verschlußlaut plus Nasal oder Liquida................ 51

5 SILB und V-SILB
5.1 Allgemeine Kennzeichnung von SILB.................... 53
5.2 Verfahrensvoraussetzungen............................ 57
5.3 Bestimmung der Silbenfolge........................... 58
5.4 Bestimmung des Segmentanfangs........................ 59
5.5 Bestimmung des Segmentendes......................... 61
5.6 Erläuterungen. V-SILB................................ 63

6 ABS und M-ABS.. 66
6.1 Allgemeine Kennzeichnung von ABS. Quasistückelung und Tonhöhenkonstanz.................................. 66
6.2 Verfahrensvoraussetzungen und -schritte.............. 68
6.3 M-ABS: Kennzeichnung und Verfahrensvoraussetzungen.... 69
6.4 Verfahrensschritte (Richter-Algorithmus)............. 71
6.5 Erläuterungen: ABS und M-ABS......................... 76

7 Tonhöhenbestimmung....................................... 77
7.1 Syntagmatische Verfahren: SYN-SILB................... 77
7.2 Syntagmatische Verfahren: SYN-ABS und SYN-M-ABS....... 79
7.3 Paradigmatische Verfahren: PAR-A, PAR-A' und PAR-B.... 80
7.4 PAR-Werte und Tonhöhenstufen......................... 82

8 BEVATON... 84
8.1 BEVATON-A.. 84
8.2 Andere BEVATON-Varianten............................. 86
8.3 Bemerkungen zu den BEVATON-Varianten................. 88
8.4 BEVATON-Werte und Melodie............................ 90
8.5 Zur Gültigkeit und Zuverlässigkeit der BEVATON-Varianten.. 93

9 Die maschinelle Komponente von BEVATON-Instrumenten....... 96
9.1 Allgemeine Kennzeichnung............................. 96
9.2 Die analoge Komponente (A-Komponente)................ 97

9.3 Die digitale Komponente: Hardware-Komponente (H-Komponente) 101
9.4 Die digitale Komponente: Software-Komponente (S-Komponente) 102
9.5 Apparative Ausstattung der M-Komponente 105

Anhang: Praktische Hinweise 109

Zitierte Literatur 116

INHALT 3: Richter, Zuverlässigkeit

1 Allgemeine Vorbemerkungen.............................. 117
2 Vorbemerkungen zu den Tests........................... 119
3 Test 1: Interpersonelle Zuverlässigkeit................ 122
4 Syntagmatische Ergebnisse.............................. 124
5 Paradigmatische Ergebnisse............................. 126
6 Kovariationsanalyse.................................... 126
7 Interpretation... 130
8 Übereinstimmung von Grundfrequenz und F_i-Werten........ 132
9 Test 2: Intrapersonelle Zuverlässigkeit................ 134
10 Schlußbemerkungen..................................... 136

Anhang A: Grafische Transformate zu Äußerungen A und B.... 138

Anhang B: F_0-Analyse von Äußerungen A und B................ 140

Anhang C: Zur Übereinstimmung von Grundfrequenz und BEVATON-Werten.......................... 143

INHALT 4: Lieb, Auditives Segmentieren

0 Vorbemerkungen 147

1 Laute 149
1.1 Artikulatorische Auffassung 149
1.2 Auditive Auffassung: vorläufige Formulierung 152
1.3 Präzisierungen 153
1.4 Auditive Auffassung 156

2 Töne 158
2.1 Grundgedanke 158
2.2 Tonhöhenstufen 159
2.3 Tonhöhenabstände 162
2.4 Melodie und Melodiefunktionen 164
2.5 Hauptannahme zu Tönen 166

3 Ton und Silbe 168
3.1 Silben 168
3.2 Silbenfolgen 170
3.3 Tonhöhenverläufe und Silbenfolgen 172

4 Lautsegmente und Tonsegmente 174
4.1 Kernbereichsfolgen 174
4.2 Der Begriff der Entsprechung 177
4.3 Lautsegment- und Tonsegmentfolgen 180

5 Tonsegmente und Silbensegmente 183
5.1 Zur Abgrenzung von Silbensegmenten 183
5.2 Silbensegment-Folgen: Grundgedanken 186
5.3 Definition von "Silbensegment-Folge" 188
5.4 Ton- und Silbensegment-Folgen 191

Zitierte Literatur 193

Register 193

DAS BERLINER VERFAHREN ZUR AUDITIVEN TONHÖHENANALYSE (BEVATON)

Hans-Heinrich Lieb
Freie Universität Berlin

Rolf Haberbeck
Nixdorf Computer Berlin (West)

unter Mitarbeit von Klaus Fenchel
Berlin (West)*

0 Einleitung

0.1 Entwicklung von BEVATON

Das Berliner Verfahren zur auditiven Tonhöhenanalyse wurde in den Jahren 1983 bis 1986 entwickelt und überprüft. Wesentliche Grundgedanken des Verfahrens sowie seine sprachtheoretische Fundierung stammen von Lieb. Die maschinelle Komponente und ihre Verbindung mit der menschlichen Komponente wurden in der Hauptsache von Haberbeck - seinerzeit Freie Universität Berlin - konzipiert und konkretisiert. Die Überprüfung der Zuverlässigkeit erfolgte durch Brigitte Richter (Berlin (West)), die auch bei der Lösung von Segmentierungsproblemen eine besondere Hilfe war. 1983/84 arbeiteten Lieb, Haberbeck und Thomas Goldbeck zusammen, um die Grundgedanken weiterzuentwickeln und zu spezifizieren. (Eine Vorform der Variante B des Teilverfahrens PAR, s.u. § 1.4, wurde zuerst von Goldbeck vorgeschlagen, von dem auch der Name "BEVATON" stammt.) Das Verfahren wurde in größerem Umfang 1985/86 von Brigitte Richter angewendet und 1986/87 von Klaus Fenchel.

Wichtige Unterstützung, für die wir an dieser Stelle herzlich danken, haben wir erfahren von Manfred Krause und Manfred Höllmich, Technische Universität Berlin (Bau einer Filterbank); Kilian Golm, Freie Universität Berlin (Entwicklung eines Grafik-Programmpakets); Dieter Stock, Institut für Kommunikationsforschung und Phonetik, Universität Bonn (Überlassung einiger von ihm entwickelter Programme für den Kontron PSI 80). Helmut Richter (Freie Universität Berlin) war ein geduldiger Ansprechpartner besonders bei phonetischen Fragen. Die Freie Universität Berlin stellte 1982 einen Rechner (Kontron PSI 80) zur Verfügung, ohne den die Entwicklung von BEVATON nicht möglich gewesen wäre, und unterstützte die Arbeit 1985/86 durch Beschäftigung von Brigitte Richter.

BEVATON wurde im Rahmen eines noch laufenden Forschungsprojekts zu den syntaktischen Akzenten im Deutschen entwickelt; die Arbeit im Projekt ist so

---

* Verfasser: Lieb §§ 0-8, Haberbeck § 9, Fenchel und Lieb: Anhang; Gesamtredaktion: Lieb. - Wir danken Brigitte Richter und Monika Budde-Burmann für inhaltliche Korrekturhinweise.

konzipiert, daß sie ein solches Verfahren voraussetzt. Das Projekt wurde 1983/84 für ein Jahr im Rahmen des DFG-Schwerpunktprogramms "Formen und Funktionen der Intonation" gefördert. Es sei ausdrücklich vermerkt, daß eine Weiterförderung des Projekts und damit der Verfahrensentwicklung abgelehnt wurde, ehe BEVATON auch nur hätte überprüft werden können.

0.2 Allgemeine Bemerkungen zu BEVATON

Das *Be*rliner *V*erfahren zur *a*uditiven *Ton*höhenanalyse (BEVATON) ist ein Verfahren, durch das die gehörte Melodie von Sprechschall-Ereignissen charakterisiert wird. Mit "Tonhöhe" meinen wir also ein auditives - perzeptuelles - Phänomen. (Wie üblich unterscheiden wir zwischen *auditiv* - "auf das Hören bezogen" -, *akustisch* - "auf physikalische Eigenschaften von Schallereignissen bezogen" - und *artikulatorisch* - "auf die Produktion von Sprechschall-Ereignissen bezogen".)

Unseres Wissens ist BEVATON das erste *auditive* Tonhöhenanalyseverfahren überhaupt, abgesehen von informellen Charakterisierungen, wie sie bei intuitiven Transkriptionsverfahren auftreten; die *stylization method* von 't Hart u.a. - vgl. 't Hart 1984 als einführenden Überblick - baut auf Grundfrequenzverläufen, also *akustischen* Daten auf. Wir haben deshalb i.f. auch kaum Gelegenheit, uns mit vorhandener Literatur auseinanderzusetzen. (Natürlich ist BEVATON in Kenntnis der einschlägigen sprachwissenschaftlichen, psychologischen und phonetischen Literatur zur Intonationsforschung entwickelt worden, vgl. hierzu Haberbeck 1983, sowie der Literatur zur digitalen Signalverarbeitung in diesem Bereich, vgl. bes. Hess 1983.)

BEVATON ist ein *Analyse*verfahren. Es verbindet eine 'menschliche Komponente' - eine auditiv urteilende Person - mit einer 'maschinellen', die hauptsächlich zur digitalen Signalverarbeitung dient.

Bei Tonhöhenuntersuchungen bemüht man sich gegenwärtig nicht um Analyseverfahren, sondern entwickelt und benutzt Verfahren zur *Synthese* oder *Resynthese* von Sprechschall-Ereignissen: Digitale Signalverarbeitung erlaubt die kontrollierte Variation akustischer Eigenschaften; der auditive Effekt der Variation kann dann im Experiment ermittelt werden. BEVATON ist ein Analyseverfahren, das dieselben technischen Möglichkeiten nutzt wie derartige Syntheseverfahren; BEVATON und diese Verfahren dürften sich gegenseitig ergänzen. Wir glauben, daß Synthese- und Analyseverfahren korrelativ entwickelt werden sollten; *beide* werden benötigt, sie sind nicht durch einander ersetzbar.

Als Analyseverfahren kann BEVATON überall Verwendung finden, wo es um eine auditive, auf Tonhöheneindrücken gründende Beurteilung von Schallereignissen geht, bei der größtmögliche Detailliertheit angestrebt wird. BEVATON liefert auditive Tonhöhenanalysen, von denen man bei Untersuchungen der auditiv-phonetischen und auditiv-phonologischen Tonhöheneigenschaften ausgehen kann, die Äußerungen im Hinblick auf ein zugrunde liegendes sprachliches System zukommen. Das Verfahren ist insbesondere im Rahmen von Akzentuntersuchungen anwendbar, bei denen auditive Tonhöheneigenschaften von Wörtern oder Sätzen bzw. von Äußerungen als hauptsächliche Akzentmanifestationen betrachtet werden. Tatsächlich ist BEVATON als Forschungsinstrument innerhalb eines Projektes entwickelt worden, das den Manifestationen syntaktischer Akzente im Deutschen gilt. Das Verfahren ist jedoch von diesem Entstehungszusammenhang unabhängig.

BEVATON ist ein Verfahren, mit dem die Tonhöheneigenschaften vollständiger Wort- oder Satzäußerungen ermittelt werden sollen. Hierbei wird allerdings auf bestimmte Äußerungs*abschnitte* zurückgegriffen, nämlich auf 'Silbensegmente' und Abschnitte von 'Silbensegmenten' (insbesondere 'Lautsegmente'), die beide auditiv bestimmt werden müssen. Es erwies sich deshalb als notwendig, das gesamte Problem der Segmentierung theoretisch neu zu durchdenken und verfahrensmäßig präzise zu lösen. In der vorliegenden Arbeit nehmen Fragen der Laut- und Silbensegmentbildung einen breiten Raum ein; in diesen Teilen dürfte die Arbeit auch für die Leser von Interesse sein, die sich mit Segmentierungsfragen unabhängig von Tonhöhenanalysen beschäftigen, sei es nun - nach üblichen Unterscheidungen - mit eher phonetischer oder eher sprachwissenschaftlicher Fragerichtung. (Wir haben schließlich darauf verzichtet, unsere Auseinandersetzung mit der reichhaltigen, auch historisch interessanten Literatur zu Segmentierungsfragen in der vorliegenden Arbeit zu dokumentieren: BEVATON ist ein Verfahren zur *Tonhöhen*analyse , bei dessen Darstellung Segmentierungsaspekte nicht völlig in den Vordergrund treten durften.)

BEVATON kann gerade bei *sprachwissenschaftlichen* Untersuchungen im Bereich der traditionellen Phonetik verwendet werden. Allerdings gehört nach unserer Auffassung die Phonetik ohnehin überwiegend zur Sprachwissenschaft: Phonetische Untersuchungen sind sprachwissenschaftlich, soweit bei ihnen auf sprachliche Systeme Bezug genommen wird. Analoges gilt für phonetische Methoden. Insofern ist BEVATON, ein phonetisches Verfahren, zugleich sprachwissenschaftlich: Wenigstens teilweise zielt das Verfahren auf Gegenstände ab, die sich nur unter Bezug auf ein sprachliches System bestimmen lassen.

Das Verfahren erfordert also eine sprachwissenschaftliche - genauer, eine sprachtheoretische - Absicherung; sie wird mit der Arbeit von Lieb (i. ds. Bd.) vorgelegt. Diese Absicherung ist umfassender als bei allen anderen uns bekannten Verfahren der Sprachwissenschaft oder Phonetik; die Arbeit von Lieb kann auch als eigenständige Grundlagenstudie gelesen werden. Für alle theoretischen Begriffe, die in dem vorliegenden Aufsatz gebraucht werden, sei ein für allemal auf Lieb (i. ds. Bd.) verwiesen.

Das Verfahren ist inzwischen auf ca. 400 Äußerungsereignisse von etwa 2 bis 3 sec Dauer angewandt worden. Natürlich soll BEVATON zu reproduzierbaren Ergebnissen führen. Es wurde deshalb eine umfangreiche Prüfung der Verfahrenszuverlässigkeit vorgenommen, deren Ergebnisse bei Richter (i. ds. Bd.) mitgeteilt werden.

0.3 Zur Darstellung des Verfahrens

Die Verfahrensdarstellung in der vorliegenden Arbeit ist aufwendig, und zwar aus zwei Gründen.

Einmal wollten wir methodologische Naivität vermeiden. Dies machte ein gewisses Maß an allgemeiner methodologischer Reflexion unumgänglich. Wir glauben, daß unsere Arbeit nunmehr auch das Interesse von Methodologen und Wissenschaftstheoretikern finden könnte; Form und Gesichtspunkte der Methodendarstellung sind teilweise neu, und das dargestellte Verfahren scheint uns eine Herausforderung an etablierte Wissenschaftsschemata zu bilden. Insbesondere haben wir uns bemüht, auch in der Darstellung des Verfahrens einem Gesichtspunkt Rechnung zu tragen, der bei seiner Entwicklung eine besondere Rolle spielte: Ein Äußerungsereignis ist 'intentional' im Hinblick auf seinen Produzenten; seine Wahrnehmung bei einer perzeptuellen Untersuchung ist 'intentional' im Hinblick auf den Untersuchenden; diese doppelte Intentionalität ist in Einklang zu bringen mit der physikalischen Natur des Äußerungsereignisses. Der Gesichtspunkt der 'Intentionalität' tritt neuerdings (vgl. Searle 1983, 1984) in der wissenschaftstheoretischen Diskussion wieder stark hervor. Unsere Arbeit beantwortet an einem Beispiel die Frage: Wie können exakte Methoden für eine sachgemäße Untersuchung von Gegenständen aussehen, die 'mit Intentionalität behaftet' sind?

Der zweite Grund für die aufwendige Verfahrensdarstellung hängt eben mit dem Exaktheitsanspruch für die Methode zusammen: Um die Exaktheit des Verfahrens nachzuweisen, haben wir durchweg eine Darstellung in Form von Algorithmen angestrebt. Es ergibt sich damit eine Konsequenz, die für das aktuelle, fächerübergreifende Forschungsprogramm der sog. 'Kognitiven Wissenschaft' von besonderem Interesse ist: In dem Maße, wie sich die auftretenden Wahrnehmungsurteile des Untersuchenden maschinell simulieren lassen, kann das Verfahren programmiert werden. Wir stehen den heuristischen Grundannahmen der 'Kognitiven Wissenschaft' mit erheblicher Skepsis gegenüber (vgl. Lieb 1987); wenn sie jedoch berechtigt sind, müßte eine BEVATON-Programmierung möglich sein.

Wir gehen *nicht* davon aus, daß mit BEVATON oder seinen Teilverfahren Prozesse simuliert werden, die in der menschlichen Sprachverarbeitung ablaufen. Immerhin ist dies auch nicht ausgeschlossen und sicher einer weiteren Untersuchung wert. Auch unter diesem Gesichtspunkt empfahl sich eine möglichst detaillierte Darstellung des Verfahrens.

Wir haben den Verfahrensbegriff bisher naiv gebraucht. Für die Zwecke unserer Arbeit muß er wenigstens in einigen Punkten präzisiert werden.

0.4 Zum Verfahrensbegriff: BEVATON als Verfahren

Ein Verfahren läßt sich auffassen als eine bestimmte Eigenschaft von Folgen von Handlungen (oder von Folgen von Mengen von Handlungen) einer oder mehrerer Personen, und eine *Anwendung* eines Verfahrens als eine Folge von (Mengen von) Handlungen mit der betreffenden Eigenschaft. Ein *Teilverfahren* eines Verfahrens ist eine Eigenschaft, die einen handlungsmäßig zusammengehörigen Teil von Anwendungen des Verfahrens kennzeichnet und die selber ein Verfahren ist; ein *Schritt* eines Verfahrens ist eine ebensolche Eigenschaft, die jedoch selber *kein* Verfahren ist.

Ein *komplexes* Verfahren entsteht durch die 'Verknüpfung' mehrerer Verfahren; diese Verfahren sind dann 'konstitutive' Teilverfahren. Besonders für ein *komplexes Verfahren* gilt, daß es eine Eigenschaft von Folgen von (Mengen von) Handlungen *mehrerer* Personen sein kann: wenn nämlich die Anwendung verschiedener Teilverfahren durch verschiedene Personen erfolgen muß.

Eine *Familie* von Verfahren ist eine Menge von mehreren zusammengehörigen Verfahren. Die Zusammengehörigkeit besteht darin, daß sich verschiedene Verfahren der Familie nur in bestimmten Teilverfahren oder Verfahrensschritten unterscheiden, die jedoch Vergleichbares leisten; oder daß bei zwei Verfahren der Familie dieselben oder ähnliche Teilverfahren unterschiedlich verknüpft sind; oder daß bei einem Verfahren der Familie wenigstens zwei Teilverfahren durch verschiedene Personen angewandt werden müssen, für die bei einem anderen Verfahren der Familie eine einzige Person verlangt wird.

Die Elemente einer Verfahrensfamilie nennen wir auch *Varianten* der Familie. Muß es bei der Anwendung einer Variante n Personen oder Mengen von Personen geben, so daß jede Person (Menge von Personen) wenigstens ein Teilverfahren anwendet, sprechen wir von einer *n-Personen-Variante*, also einer Einpersonenvariante, wenn eine einzige Person (Menge von Personen) alle Teilverfahren anwendet.

Wir haben BEVATON bisher als Verfahren bezeichnet. Wie sich noch zeigen wird, ist BEVATON jedoch kein Verfahren im gerade erläuterten Sinn, sondern eine Verfahrensfamilie. Um den bisherigen Sprachgebrauch auch weiterhin beibehalten zu können, führen wir *zwei* Verfahrensbegriffe ein: "Verfahren" im ersten Sinn ("Verfahren$_1$") bezeichnet bestimmte Eigenschaften von Folgen von (Mengen von) Handlungen; "Verfahren" im zweiten Sinn ("Verfahren$_2$") bezeichnet Verfahrensfamilien, d.h. gewisse Mengen von Verfahren$_1$. Im allgemeinen ergibt sich aus dem Kontext, welcher Verfahrensbegriff gebraucht ist; die Indizes können daher fast immer entfallen.

Eine Verfahrensfamilie wird durch Aufzählung oder Kennzeichnung ihrer Varianten angegeben. Zu BEVATON gehören grundsätzlich auch Mehrpersonenvarianten, und von Richter (i. ds. Bd.) wird eine Zweipersonenvariante zugrunde gelegt. Einpersonenvarianten sind jedoch aus theoretischen Gründen vorzuziehen, da bei jeder Anwendung einer BEVATON-Variante die Resultate von jedem Anwender eines Teilverfahrens mit abhängen (s. u. § 0.5.) Aus praktischen Gründen werden wir in der vorliegenden Arbeit nur Einpersonenvarianten behandeln; eine allgemeinere Darstellung, die auch die Mehrpersonenvarianten einschließt, würde erheblich komplizierter ausfallen. Der Grundgedanke für die Einbeziehung ist jedoch klar: Wo immer bei der Beschreibung einer BEVATON-Variante oder eines BEVATON-Instruments (§§ 1.1, 9) von einer Person P' die Rede ist, müßte man in geeigneter Weise auf ein n-tupel $(P'_1,\ldots,P'_n)$ von Personen Bezug nehmen.

Die Varianten einer Verfahrensfamilie sind i.a. komplexe Verfahren. Die Charakterisierung beliebiger Verfahren erfolgt im wesentlichen durch Angabe der *Verfahrensschritte*. Bei einem komplexen Verfahren werden die Verfahrensschritte am einfachsten angegeben, indem man zunächst konstitutive Teilverfahren für sich charakterisiert und anschließend die Art ihrer Verknüpfung beschreibt.

Ein Verfahren ist grundsätzlich nur unter bestimmten Voraussetzungen anwendbar. Zusätzlich zu den Verfahrensschritten müssen daher die *Verfahrensvoraussetzungen* spezifiziert werden.

Zumindest bei *Analyse*verfahren sollte man eine zusätzliche Unterscheidung treffen.

0.5 Zur Unterscheidung von Eingabedaten, Zielobjekten und Resultaten

Die *Eingabedaten* für ein (Analyse-)Verfahren$_1$ sind die Entitäten, auf die das Verfahren überhaupt angewandt werden kann - die analysierbaren Gegenstände. Ein *Zielobjekt* einer Anwendung des Verfahrens auf ein Eingabedatum ist eine Entität, zu deren Ermittlung die Anwendung führen *soll*. Diese Entität charakterisiert das Eingabedatum unter einem vorgegebenen Analysegesichtspunkt. Ein *Resultat* einer Anwendung des Verfahrens auf ein Eingabedatum ist eine Entität, zu der die Anwendung tatsächlich *führt* und von welcher der Anwendende glaubt, sie sei ein Zielobjekt der Anwendung. Resultate und Zielobjekte sind Entitäten mit demselben ontologischen Status.

Die BEVATON-Varianten und ihre Teilverfahren sind Verfahren zur perzeptuellen Analyse von Daten - nämlich von Äußerungen -, die Handlungsergebnisse sind und als solche erfaßt werden sollen. Hierbei kommt der Unterscheidung von Zielobjekten und Resultaten besondere Bedeutung zu.

Die Anwendung eines derartigen Analyseverfahrens durch einen Analysator führt zu Resultaten, die auf Wahrnehmungsurteilen des Analysierenden beruhen; sie sind also *analysatorrelativ*. Die Analyse zielt jedoch ab auf Eigenschaften, welche den Daten aufgrund von Handlungsabsichten des Daten-Produzenten zukommen, und zwar unabhängig vom Analysator; die *Zielobjekte* sind *produzentenrelativ*.

Wenn etwa der Analysierende eine Äußerung aufgrund der auditiven Eigenschaften, die sie für ihn selber hat, in Lautsegmente unterteilt, dann soll das Resultat gerade die Lautsegment-Folge sein, die den Absichten des Produzenten bei seiner Äußerungshandlung entspricht. Diese Absichten legen - im allgemeinen indirekt - für die Äußerung auditive Eigenschaften fest; dies sind jedoch Eigenschaften, welche die Äußerung für den Produzenten selber und nicht für irgendeinen Analysator hat.

Bei beliebigen Analyseverfahren - und wohl nicht nur bei ihnen - erlaubt erst die Trennung von Zielobjekten und Resultaten, zwischen 'richtigen' und 'falschen' Resultaten zu unterscheiden:

Ein Resultat einer Verfahrensanwendung ist *richtig*, wenn es ein Zielobjekt ist (oder ein solches 'repräsentiert'); andernfalls *falsch*. (Natürlich kann man die kategoriale Unterscheidung zwischen Richtig und Falsch auch durch eine graduelle ersetzen.)

Mißt man etwa die Stromspannung mittels eines Voltmeters, so ist das Resultat einer Verfahrensanwendung die angezeigte Zahl (strenggenommen, ein Zahlenintervall). Das Zielobjekt - die tatsächliche Spannung - ist unabhängig von dem Resultat bestimmt. Deshalb kann man das Resultat als richtig oder falsch einstufen, je nachdem ob es zu dem Zielobjekt in der meßtheoretisch geforderten Beziehung steht oder nicht. *Wie* man dies feststellt - wie man also im Zweifelsfall herausfindet, ob das Resultat richtig oder falsch ist -, das ist zwar eine wesentliche, aber eine zusätzliche Frage; die Unterscheidung zwischen Zielobjekt und Resultat erlaubt zunächst nur, die Begriffe des richtigen und des falschen Resultats sinnvoll zu explizieren.

Um richtige von falschen Resultaten auch praktisch unterscheiden zu können, braucht man *erstens* eine verfahrensunabhängige Charakterisierung der Zielobjekte und *zweitens* ein Verfahren, mit dem die Übereinstimmung von Resultat und Zielobjekt im Einzelfall geprüft werden kann.

Die verfahrensunabhängige Charakterisierung von Zielobjekten (und Eingabedaten) kann i.a. nur durch eine *Theorie* erfolgen. Bei Verfahren wie den BEVATON-Varianten müssen Eingabedaten und Zielobjekte *sprachtheoretisch* bestimmt werden, in einem Sinne von "Sprachtheorie", der phonetische Theorien einschließt. Für die BEVATON-Varianten wird mit Lieb (i. ds. Bd.) ein entsprechendes Fragment einer Sprachtheorie vorgelegt.

Im Gegensatz zu einer Theorie der Zielobjekte haben wir für die BEVATON-Varianten und ihre Teilverfahren *keine* Verfahren entwickelt, mit denen die Übereinstimmung von Resultaten und Zielobjekten beurteilt werden kann: Hier besteht eine Forschungslücke. Allerdings wird man uns dies kaum vorwerfen können - die sarkastische Formulierung: "Intelligenz ist das, was mein Intelligenztest mißt", charakterisiert eine Situation, in der noch nicht einmal allgemein anerkannt ist, daß Zielobjekte von Resultaten unterschieden werden müssen.

Wegen dieser Lücke haben wir auch die *Gültigkeit* der BEVATON-varianten nicht ermitteln können, d.h. näherungsweise: das Maß, in dem bei beliebigen Anwendungen einer Variante die Resultate mit den Zielobjekten übereinstimmen. Dagegen wurde die *Zuverlässigkeit* wenigstens einer Variante überprüft (vgl. Richter (i. ds. Bd.)), d.h. näherungsweise: das Maß, in dem verschiedene Anwendungen der Variante mit denselben Eingabedaten zu denselben Ergebnissen führen. (Zu "Gültigkeit" und "Zuverlässigkeit" vgl. genauer unten, § 8.5.)

Hiermit schließen wir die einleitenden Bemerkungen ab. In den folgenden §§ 1 bis 9 wird zuerst das Verfahren (§§ 1 bis 8) und dann sein maschineller Aspekt (§ 9) beschrieben. Im Anhang gibt einer der bisherigen Hauptanwender (Klaus Fenchel) einige aus der Praxis gewonnene Hinweise.

1 Allgemeine Kennzeichnung

1.1 BEVATON als instrumentelles Verfahren

Das Berliner Verfahren zur auditiven Tonhöhenanalyse ist ein *instrumentelles* Verfahren: Bei der Anwendung seiner Varianten wird ein komplexes Instrument mit mehreren maschinellen Teilen und genau einem menschlichen Teil benutzt. (Ein Instrument mit *mehreren* menschlichen Teilen ist für Mehrpersonenvarianten von BEVATON erforderlich; derartige Varianten werden i.f. vernachlässigt; s.o. § 0.4.) Ein solches Instrument läßt sich auffassen als ein Tripel (M,P',R), wo M die Menge der maschinellen Teile ist, P' eine Person und R eine Menge von Relationen mit P' oder Elementen von M als Gliedern (der Strich-Index nach "P" soll daran erinnern, daß wir es mit der Komponente eines Instruments und nicht mit dem Sprecher P einer analysierten Äußerung zu tun haben). Unter bestimmten Bedingungen ist (M,P',R) ein *BEVATON-Instrument* oder *B-Instrument*.

Wir werden später (§ 9) nur *hinreichende* Bedingungen für B-Instrumente informell angeben. Jedoch lassen sich hinreichend-und-notwendige aus ihnen erschließen: B-Instrumente sind allgemein solche (M,P',R), die dasselbe *leisten* wie diejenigen, die wir kennzeichnen werden.

Einige der maschinellen Teile eines B-Instruments dienen der digitalen Signalverarbeitung. B-Instrumente und damit das Verfahren selber sind erst durch die Fortschritte in der digitalen Signalverarbeitung möglich geworden.

Der klassische Instrumentbegriff ist auf rein maschinelle Systeme eingeschränkt. Wir empfinden diese Einschränkung als äußerst hinderlich bei perzeptuellen Untersuchungen und haben dementsprechend gemischte Systeme - 'Maschinen-Personen-Systeme' - als Instrumente zugelassen.

Das Verfahren ist so angelegt, daß die Person P' eines B-Instruments zugleich der Anwender des Verfahrens - oder, wie wir auch sagen werden, der *Experimentator* - ist; eine solche Identität - die gewisse Probleme mit sich bringt - ist natürlich nicht notwendig für die Benutzung gemischter Systeme.

Ein B-Instrument ist ein *Instrument auf Urteilsbasis*; d.h. zum Funktionieren des Instruments gehört i.a. das Auftreten von Wahrnehmungsurteilen des menschlichen Teils. Ein B-Instrument kann auf drei verschiedene Arten benutzt werden: als *Segmentierungs-*, *Vergleichs-* oder *Meßinstrument*.

Im ersten Fall werden den Schallereignissen, für deren Analyse das Instrument benutzt wird, gewisse zeitliche Abschnitte (Segmente) zugeordnet, wobei die Zuordnung von auditiven Wahrnehmungsurteilen des menschlichen Teiles des Instruments abhängt.

Im zweiten Teil - Verwendung als Vergleichsinstrument - werden den Schallereignissen komparative Relationen zwischen Segmenten zugeordnet, wobei die Zuordnung wiederum von auditiven Wahrnehmungsurteilen des menschlichen Teiles abhängt.

Im dritten Fall - Verwendung als Meßinstrument - werden den Schallereignissen Zahlenwerte zugeordnet, ebenfalls aufgrund von Wahrnehmungsurteilen des menschlichen Teiles. (Mit dem Ausdruck "Meßinstrument" erheben wir in diesem Zusammenhang nicht den Anspruch, das Instrument erfülle alle üblichen Bedingungen für Meßinstrumente.)

Ein B-Instrument gestattet ferner die direkte - wahrnehmungsunabhängige - Messung bestimmter akustischer Eigenschaften, insbesondere der Grundfrequenz und der physikalischen Ereignis-Dauer. Auf diese wichtige Möglichkeit werden wir nicht weiter eingehen, da die Grundfrequenzfeststellung kein Teil der auditiven Analyse ist und die Dauer nur hilfsweise herangezogen wird.

B-Instrumente ermöglichen schließlich die visuelle Darstellung - Bildschirm oder Druck - von Sprechschall-Ereignissen und ihren Abschnitten.

B-Instrumente dienen zur Untersuchung von Sprechschall-Ereignissen. In diesem Zusammenhang ist es wichtig, einige Unterscheidungen zu treffen, die in der Literatur oft verwischt werden.

Wie alle Schallereignisse sind auch Sprechschall-Ereignisse konkrete Entitäten in Raum und Zeit und sind als solche einmalig.

Allerdings kann es zu einem raumzeitlichen Ereignis oder Objekt *Kopien* geben, d.h. Ereignisse oder Objekte, für die gilt: a. Sie sind wenigstens teilweise später als das gegebene Ereignis oder Objekt; b. sie sind mit ihm kausal verbunden; und c. sie haben mit ihm - abgesehen von der raumzeitlichen Lokalisierung - alle oder 'hinreichend viele' physikalische Eigenschaften gemeinsam.

Die Beziehung Kopie-von ist ein Sonderfall der Transformat-Beziehung: Eine raumzeitliche Entität (Ereignis oder Objekt) ist *Transformat* einer anderen, wenn gilt: a. Die erste ist wenigstens teilweise später als die zweite. b. Sie ist mit ihr kausal verbunden. c. Es gibt eine Funktion, die jeder physikalischen Eigenschaft der zweiten Entität (oder 'hinreichend vielen') eine physikalische Eigenschaft der ersten zuordnet. Beispielsweise ist der Teil eines bespielten Magnetbandes, der einen bestimmten Abschnitt des aufgezeichneten Schallereignisses repräsentiert, ein Transformat dieses Abschnittes; und ein Schallereignis, das beim Abspielen durch diesen Teil verursacht wird, ist ein Transformat des Teils. Die Transformat-Relation ist nicht notwendig transitiv (wegen 'hinreichend viele'). Jede Kopie ist auch ein Transformat, aber nicht umgekehrt.

Wir werden den traditionellen Ausdruck "Signal" für Sprechschall-Ereignisse und ihre Abschnitte sowie für Kopien beider verwenden; bei der Darstellung von Verfahrensschritten gebrauchen wir ihn gewöhnlich für Kopien, die vom Experimentator generiert werden.

Die maschinelle Komponente eines BEVATON-Instruments gestattet es dem Experimentator, bei Untersuchung eines Sprechschall-Ereignisses nach Bedarf Kopien und visuelle Transformate des Ereignisses zu erzeugen.

BEVATON ist nicht nur ein instrumentelles Analyseverfahren, sondern auch ein *Dokumentationsverfahren*, d.h. die Resultate, zu denen die verfahrensgemäße Anwendung eines B-Instrumentes führt, werden auf besonderen Auswertungsbögen dokumentiert. Diesen Aspekt werden wir jedoch nicht genauer darstellen, da unsere Dokumentationsweise durch andere geeignete leicht ersetzt werden kann.

1.2 Verfahrensvarianten und Teilverfahren

Die einzelnen BEVATON-Varianten entstehen durch Verknüpfung von Teilverfahren, nämlich von LAUT; SILB bzw.V-SILB; SYN-SILB; ABS bzw. M-ABS; SYN-ABS bzw. SYN-M-ABS; und PAR-A, PAR-A' bzw. PAR-B. Alternativ genannte Teilverfahren können nicht in derselben BEVATON-Variante auftreten, und M-ABS und SYN-M-ABS kommen nur zusammen vor.

In erster Annäherung lassen sich die Teilverfahren folgendermaßen kennzeichnen.

LAUT ist ein Verfahren zur auditiven Analyse in Lautsegmente, und SILB und V-SILB sind ebensolche Verfahren zur Analyse in Silbensegmente.

SYN-SILB ist ein Verfahren zum auditiven Tonhöhenvergleich aufeinanderfolgender Silbensegmente.

ABS und M-ABS sind Verfahren zur auditiven Analyse von Silbensegmenten in tonhöhenkonstante Abschnitte.

SYN-ABS und SYN-M-ABS sind Verfahren zum auditiven Tonhöhenvergleich aufeinanderfolgender Abschnitte eines einzelnen Silbensegments.

PAR-A, PAR-A' und PAR-B sind Verfahren zur quantitativen, auf Tonhöhenurteile gestützten Charakterisierung einzelner tonhöhenkonstanter Abschnitte von Silbensegmenten.

LAUT, SILB, V-SILB, ABS und M-ABS sind *Segmentierungsverfahren*, SYN-SILB, SYN-ABS, SYN-M-ABS, PAR-A, PAR-A' und PAR-B sind *Bestimmungsverfahren für Tonhöhen*. Hierbei bilden SYN-SILB, SYN-ABS und SYN-M-ABS die *syntagmatischen* oder *Vergleichsverfahren* und PAR-A, PAR-A' und PAR-B die *paradigmatischen* oder *Charakterisierungsverfahren*.

Zu jeder BEVATON-Variante gehören grundsätzlich drei verschiedene Segmentierungsverfahren: LAUT; SILB bzw. V-SILB; und ABS bzw. M-ABS. Daß je drei Verfahren gewählt werden müssen, ist sprachtheoretisch bedingt. Nach der vorausgesetzten Sprachtheorie kommt nämlich bei der Tonhöhenanalyse von Äußerungen der Melodie von *Silben*segmenten besondere Bedeutung zu. Sprachtheoretisch sind Silbensegment-Folgen unter Voraussetzung von *Laut*segment-Folgen definiert (s. Lieb (i. ds. Bd.), (5.6)). Methodologisch bedeutet dies: Die Bestimmung von Silbensegmenten erfordert die Bestimmung von Lautsegmenten. Eine Anwendung von SILB oder V-SILB erfordert eine

Anwendung von LAUT; wie sich bei V-SILB zeigen wird, braucht die Anwendung von LAUT allerdings nicht die gesamte Äußerung abzudecken; sie kann unvollständig sein.

Will man ferner Tonhöhenänderungen *auf* Silbensegmenten erfassen, muß man die Silbensegmente weiter untergliedern können, und zwar nicht einfach in Lautsegmente; dies führt auf eine dritte Art von Segmentierungsverfahren, vertreten durch ABS und M-ABS.

Die sprachtheoretisch geforderte Beziehung wichtiger Tonhöheneigenschaften zu Silbensegmenten verbietet übrigens Segmentierungsverfahren, bei denen eine Äußerung mit einem vorgegebenen Zeitraster - etwa im 30ms-Abstand - schematisch abgegriffen würde.

Bei den Bestimmungsverfahren für Tonhöhen wurden zwei verschiedene Typen von Verfahren entwickelt, syntagmatische und paradigmatische. Verfahren der ersten Art vergleichen aufeinanderfolgende Äußerungsabschnitte nach solchen Kriterien wie 'Klingt-höher-als', paradigmatische nehmen einen einzelnen tonhöhenkonstanten Abschnitt und ordnen ihm eine Zahl zu, die durch Vergleich mit generierten Tönen bekannter Frequenz gewonnen wird und als 'gehörte Frequenz' des Abschnitts gelten darf; diese gehörte Frequenz charakterisiert die Tonhöhenstufe des Abschnitts.

Die paradigmatischen Verfahren operieren kontextunabhängig, die syntagmatischen sind völlig kontextbezogen. Damit sind die Ergebnisse, die mit einem syntagmatischen und einem paradigmatischen Verfahren gewonnen werden, voneinander unabhängig und können zur gegenseitigen Kontrolle sowie dazu benutzt werden, die Rolle des (relevanten lokalen) Kontextes für Tonhöhenurteile zu untersuchen. Eben dies motiviert die gleichzeitige Entwicklung von syntagmatischen und paradigmatischen Bestimmungsverfahren für Tonhöhen, vgl. auch § 1.5, Bemerkung 2.

Der kontextbezogene Tonhöhenvergleich erfolgt zweckmäßigerweise sowohl bei ganzen Silbensegmenten als auch bei tonhöhenkonstanten Abschnitten von Silbensegmenten. Es ergeben sich damit bei den syntagmatischen Verfahren zwei Unterfälle, solche für Silbensegmente (SYN-SILB) und solche für Abschnitte von Silbensegmenten (SYN-ABS und SYN-M-ABS).

Bei den paradigmatischen Teilverfahren wurden alternative Verfahren entwickelt: PAR-A bzw. PAR-A' und PAR-B. Dies hat historische eher als sachliche Gründe; s.u. § 1.5, Bemerkung 1.

Das Nebeneinander von SYN-ABS und SYN-M-ABS ist eine Konsequenz des Nebeneinanders von ABS und M-ABS, und dies hat wiederum historische Gründe. Zuerst wurde M-ABS entwickelt aufgrund von sprachtheoretischen Annahmen, von denen sich einige im Nachhinein als fragwürdig erwiesen. Dies führte dann zur Entwicklung von ABS.

BEVATON-Varianten entstehen durch die Verknüpfung von Teilverfahren, und zwar von Segmentierungsverfahren mit syntagmatischen und paradigmatischen Bestimmungsverfahren für Tonhöhen. Unterschiedliche Varianten ergeben sich besonders aus zwei Gründen: Einmal hat man bei den Teilverfahren der verschiedenen Typen Wahlmöglichkeiten; zum anderen ist die Art der Verknüpfung durch die Teilverfahren selber nur unvollständig festgelegt.

Wir haben die Varianten relativ willkürlich durch Anfügen von Buchstaben an "BEVATON" benannt: BEVATON-A, BEVATON-B usw. In § 8 werden wir schließlich die Varianten A bis E kennzeichnen, mit denen BEVATON allerdings noch nicht erschöpft ist. Bisher wurde hauptsächlich BEVATON-C angewandt. Im folgenden geben wir trotzdem zunächst einen Überblick über eine andere Variante, nämlich BEVATON-A. Dabei verfolgen wir ein doppeltes Ziel: Einmal soll der Aufbau einer einzelnen Variante informell gekennzeichnet werden (die genauere Kennzeichnung von BEVATON-A findet sich später in § 8.1); zum andern sollen die einzelnen Teilverfahren, soweit sie in diese Variante eingehen, überblicksartig charakterisiert werden. Die detaillierte Darstellung sämtlicher Teilverfahren - unabhängig von ihrer Rolle in einzelnen BEVATON-Varianten - folgt dann in den §§ 2 bis 7. Lediglich für die paradigmatischen Verfahren PAR-A, PAR-A' und PAR-B wird die detaillierte Darstellung in § 1.4 bereits teilweise vorweggenommen.

1.3 BEVATON-A: Die Teilverfahren ohne PAR

BEVATON-A beginnt mit einer Anwendung von LAUT. Die Gegenstände, auf die LAUT und damit BEVATON-A angewandt wird, sind Sprechschall-Ereignisse, und zwar Äußerungen von (silbischen) *Wörtern* oder von *Sätzen*.

Es sei eine solche Äußerung e gegeben. Der Experimentator P' generiert nach Bedarf Kopien und visuelle Transformate (ausgedruckte und Bildschirmkurven) der Äußerung und ihrer Abschnitte. Durch auditive Beurteilung der Kopien und visuelle Beurteilung der Transformate identifiziert P' genau eine zeitlich geordnete Folge von Abschnitten von e, die als *Lautsegment-Folge* von e in Frage kommt, d.h. als Folge, deren Glieder jeweils einen Laut der *Lautfolge* des geäußerten Wortes oder Satzes realisieren.

Nach LAUT operiert SILB, und zwar auf e unter Berücksichtigung der Folge von Abschnitten von e, zu der die Anwendung von LAUT geführt hat. SILB führt zu genau einer zeitlich geordneten Folge von Abschnitten von e; diese kommt als *Silbensegment-Folge* von e in Frage, d.h. als Folge, deren Glieder jeweils eine Silbe der *Silbenfolge* des geäußerten Wortes oder Satzes realisieren. Die Silbensegment-Folge verhält sich zur Lautsegment-Folge ähnlich wie die Silbenfolge zur Lautfolge.

Als nächstes operiert SYN-SILB auf e, also das Verfahren zum auditiven Tonhöhenvergleich aufeinanderfolgender Silbensegmente. Es werden je zwei benachbarte Glieder der Folge von Abschnitten von e gewählt, zu der die Anwendung von SILB geführt hat. (Ist diese Folge eingliedrig, so wird dies vermerkt und die folgenden Schritte erübrigen sich.) P' erzeugt mittels M Kopien dieser Abschnitte (was nach Anwendung von SILB möglich ist) und beurteilt die Kopien auditiv danach, ob die erste als ganze *höher*, *tiefer oder weder höher noch tiefer klingt* als die zweite als ganze. Die entsprechende Beziehung wird dann den beiden e-Abschnitten selber zugeschrieben.

Nunmehr wird ABS angewandt, als Verfahren zur auditiven Einteilung von Silbensegmenten in tonhöhenkonstante Abschnitte, und zwar nacheinander auf jedes Glied der Folge, zu der SILB geführt hat. P' erzeugt Kopien von zunehmend kleineren Abschnitten eines gegebenen Gliedes der Folge, beginnend mit dem Glied selbst; alle kopierten Abschnitte enthalten den Anfang des Gliedes der Folge. Jede Kopie wird daraufhin beurteilt, ob sie *tonhöhenkonstant* ist. Sobald eine solche Kopie gefunden ist, fängt die Kopienerzeugung mit dem verbleibenden Teil des Folgengliedes wieder neu an. Das ganze wird wiederholt, bis das Folgenglied 'verbraucht' ist.

Die Anwendung von ABS auf ein Glied e_i der durch SILB festgelegten Folge E von Abschnitten von e führt also zu genau einer zeitlich geordneten, u.U. eingliedrigen Folge E_i von größten tonhöhenkonstanten Abschnitten von e_i, und die Anwendung von ABS auf *jedes* Glied der durch SILB festgelegten Folge zu genau einer *Folge* von Folgen von Abschnitten von e.

Als nächstes wird SYN-ABS auf jedes e_i angewandt, d.h. es werden je zwei benachbarte Glieder der Folge E_i, zu der die Anwendung von ABS auf e_i geführt hat, so miteinander verglichen wie bei SYN-SILB aufeinanderfolgende Glieder der Folge E, zu der SILB geführt hatte; ein eingliedriges E_i wird wieder als Grenzfall behandelt. (Anders als bei SYN-SILB müssen Urteile über 'weder höher noch tiefer' hier stets zu einem negativen Resultat führen, da die verglichenen Glieder von E_i größte unmittelbar aufeinanderfolgende tonhöhenkonstante Abschnitte desselben Silbensegments e_i sind.)

1.4 PAR-A, PAR-A' und PAR-B

Der nächste Schritt bei BEVATON-A besteht in der Anwendung von PAR-A auf jedes Glied der Abschnittsfolge E_i, zu der die Anwendung von ABS auf jedes Glied e_i der Folge E geführt hat, die sich durch Anwendung von SILB auf e ergab. Statt PAR-A könnte man auch PAR-A' oder das verwandte Verfahren PAR-B wählen, womit man von BEVATON-A nur unwesentlich abweichende BEVATON-Varianten anwenden würde. Sowohl PAR-A und PAR-A' als auch PAR-B sollen im folgenden informell, aber so ausführlich gekennzeichnet werden, daß wir später (§ 7.3) auf eine formale Darstellung der Verfahrensschritte verzichten können.

PAR-A und PAR-A'. Es sei e_1 ein tonhöhenkonstanter Abschnitt eines Schallereignisses, auf den PAR-A durch P' angewandt wird. (Erfolgt die Anwendung im Rahmen von BEVATON-A, so ist e_1 durch Anwendung von ABS gewonnen worden, wie gerade dargestellt.)

Der Experimentator P' erzeugt mittels M drei aufeinanderfolgende Schallereignisse e_{11} e_{21} e_{31} der folgenden Art: e_{11} ist eine Kopie von e_1; e_{21} und e_{31} sind Töne (mit Sinus- oder Rechteckwellenform und einheitlicher, konstanter Intensität) von bekannter Frequenz f (gemessen in einer vorgegebenen Maßeinheit, etwa Hz); und zwar $f(e_{21}) < f(e_{31})$; und e_{21} klingt für P' tiefer als e_{11} und e_{11} tiefer als e_{31}. Die beiden Töne e_{21} und e_{31} sind die *Vergleichs-* oder *Referenztöne* für e_{11}.

P' vergleicht nun auditiv den (Tonhöhen-)Abstand zwischen e_{11} und e_{21} einerseits und e_{11} und e_{31} andererseits; er urteilt zunächst, ob e_{11} und e_{21} *ebenso nahe zusammenliegen* wie e_{11} und e_{31} - eine durch einen Abstandsbegriff definierbare Relation. Ist das Urteil positiv, so erzeugt P' mittels M eine neue Kopie e_{111} von e_1 und einen Ton e_{41} mit der Frequenz $(f(e_{21}) + f(e_{31})) : 2$ - den *Vergleichston* für e_{111} - und vergleicht e_{111} und e_{41} auditiv daraufhin, ob e_{111} für P' *höher, tiefer oder weder höher noch tiefer klingt* als e_{41}. Im letzten Fall - also Gleichhoch-Klingen - wird e_{111} und damit e_1 die Frequenz von e_{41} als 'PAR_A-Wert' zugeordnet. (Aus verschiedenen Gründen kann man nicht davon ausgehen, daß automatisch immer dieser Fall - Gleichhoch-Klingen - eintritt.) Andernfalls verfährt man wie im folgenden, wobei im ersten Schritt eine Kopie von e_{41} zweckmäßigerweise einen der beiden Vergleichstöne für die Kopie von e_1 bildet.

Liegen nämlich e_{11} und e_{21} für P' *nicht* ebenso nah zusammen wie e_{11} und e_{31}, so erzeugt P' ein neues Tripel e_{12} e_{22} e_{32} derselben Art wie e_{11} e_{21} e_{31}, so daß $f(e_{32}) - f(e_{22}) < f(e_{31}) - f(e_{21})$ und $f(e_{22}) \geq f(e_{21})$ und $f(e_{32}) \leq f(e_{31})$, wobei e_{12} nicht tiefer klingt als e_{22} und nicht höher klingt als e_{32}. Wenn nun e_{12} nicht höher als e_{22} oder nicht tiefer als e_{32} klingt - also gleich hoch wie e_{22} oder wie e_{32} -, dann wird e_1 $f(e_{22})$ bzw. $f(e_{32})$ als 'PAR_A-Wert' zugeordnet. Andernfalls wird ein Tripel von Kopien e_{121} e_{221} e_{321} erzeugt und so behandelt wie das Tripel e_{11} e_{21} e_{31}.

Das ganze wird so lange fortgesetzt, bis dem Abschnitt e_1 auf die eine oder die andere Weise sein 'PAR_A-Wert' zugeordnet ist.

Bei PAR-A' geht P' von dem Tripel e_{21} e_{11} e_{31} statt von e_{11} e_{21} e_{31} aus und verfährt im übrigen ganz analog.

Der Variante PAR-A liegen *zwei* auditive, auf P' bezogene Relationen zugrunde: Klingt-höher-als sowie Gleichnah-Zusammenliegen (allerdings ist auch die zweite Relation definierbar durch Klingt-höher-als, vgl. Lieb (i. ds. Bd.), § 2.3). Die Variante PAR-B benutzt allein Klingt-höher-als (tiefer als, gleich hoch wie).

PAR-B. Es sei e_1 wieder ein tonhöhenkonstanter - gegebenenfalls durch ABS gewonnener - Abschnitt eines Schallereignisses. P' erzeugt mittels M zwei aufeinanderfolgende Schallereignisse e_{11}

und e_{21}, wobei e_{11} eine Kopie von e_1 und e_{21} - der *Vergleichs-* oder *Referenzton* zu e_{11} - ein Ton von bekannter Frequenz ist. P' urteilt, ob e_{11} für P' a) weder höher noch tiefer als e_{21} klingt oder b) tiefer klingt oder c) höher klingt.

Im Fall a) wird e_1 $f(e_{21})$ als 'PAR_B-Wert' zugeschrieben.

Klingt e_{11} tiefer als e_{21} (Fall b)), so erzeugt P' Paare $e_{12}e_{22}$, ..., $e_{1n}e_{2n}$, so daß e_{1i} eine Kopie von e_1 ist und die Frequenzen der Referenztöne von Paar zu Paar abnehmen; e_{2i} nicht tiefer klingt als e_{1i}; und e_{1n} gleich hoch klingt wie e_{2n}. Hierbei ist $f(e_{2n})$ der PAR_B-Wert von e_1.

Klingt schließlich e_{11} höher als e_{21} (Fall c)), so verfährt P' ganz entsprechend, läßt jedoch die Frequenzen der Referenztöne von Paar zu Paar wachsen. Wiederum ist $f(e_{2n})$ der PAR_B-Wert von e_1.

Erfolgt die Anwendung von PAR-A, PAR-A' oder PAR-B auf e_1 im Rahmen der Anwendung einer BEVATON-Variante BEVATON-y (y = "A", "B" usw.), so ist der PAR_A-Wert bzw. PAR_B-Wert von e_1 zugleich sein '$BEVATON_y$-Wert'.

1.5 Zu den Bestimmungsverfahren für Tonhöhen

Bemerkung 1. PAR-B ist erheblich einfacher als PAR-A. Wir haben jedoch zunächst PAR-A und PAR-A' entwickelt und angewendet aufgrund der folgenden *Hypothese* : Ein Verfahren, bei dem als erstes nach der Gleichheit von Tonhöhenabständen gefragt wird, ist zuverlässiger als ein Verfahren, bei dem als erstes über die Tonhöhengleichheit von Tönen zu urteilen ist.

Bisher ist nur die Zuverlässigkeit von PAR-A (PAR-A') bzw. von entsprechenden BEVATON-Varianten überprüft worden (vgl. Richter i. ds. Bd.)), so daß die Hypothese noch nicht abschließend beurteilt werden kann. Jedoch sprechen drei Tatsachen *gegen* sie:

1. Bei Entwicklung von PAR-A (PAR-A') hatten wir vermutet, daß man Relationen des Zusammenliegens von Tönen nicht auf Klingthöher-als zurückführen kann, womit PAR-A (PAR-A') und PAR-B unabhängige Grundlagen hätten. Diese Vermutung hat sich inzwischen als falsch herausgestellt (s. Lieb (i. ds. Bd.), § 2.3).

2. Es erwies sich als unzweckmäßig, ein Verfahren auf Urteile allein über Tonhöhenabstände zu gründen; PAR-A und PAR-A' wurden schließlich als 'gemischte' Verfahren entwickelt, bei denen sowohl Tonhöhenabstände als auch Klingt-höher-als ins Spiel kommen.

3. SYN-SILB, ein rein höhenvergleichendes Verfahren ohne Bezug auf Abstände, zeigte sich als stabil in unerwartetem Grade, als seine Zuverlässigkeit überprüft wurde (vgl. Richter (i. ds. Bd.)).

Diese drei Tatsachen sprechen dafür, daß PAR-B und damit entsprechende BEVATON-Varianten *mindestens* so zuverlässig sind wie PAR-A (PAR-A') und vergleichbare Varianten mit PAR-A (PAR-A').

Bemerkung 2. Die syntagmatischen Bestimmungsverfahren - SYN-SILB sowie SYN-ABS und SYN-M-ABS - sind unabhängig von den paradigmatischen, PAR-A, PAR-A' und PAR-B. Es können deshalb die Ergebnisse der einen mit den Ergebnissen der anderen konfrontiert und zur gegenseitigen Kontrolle benutzt werden.

Es seien etwa zwei unmittelbar benachbarte Glieder der Folge gegeben, zu denen eine Anwendung von ABS oder M-ABS auf ein Silbensegment geführt hat. Durch eine Anwendung von PAR-A oder PAR-B wird jedem der beiden Glieder genau ein Zahlenwert zugeordnet. Andererseits werden beide Glieder durch SYN-ABS oder SYN-M-ABS danach beurteilt, ob das erste höher usw. als das zweite klingt. Es lassen sich nun *Hypothesen* der folgenden Art überprüfen: Werden SYN-ABS und PAR-A, PAR-A' oder PAR-B auf zwei unmittelbar benachbarte Glieder derselben durch ABS gewonnenen Folge angewandt, so klingt das erste für den Experimentator höher als das zweite nur dann, wenn der Zahlenwert des ersten größer ist als der Wert des zweiten. Vergleichbare Hypothesen lassen sich für SILB oder V-SILB, SYN-SILB und Zahlenwerte aufstellen, die jeweils auf geeignete Weise aus den PAR_A-, $PAR_{A'}$- oder PAR_B-Werten der Abschnitte eines einzelnen Silbensegments gewonnen sind.

Bisher ist weder bei SYN-SILB noch bei SYN-ABS oder SYN-M-ABS das gewonnene Material auf einschlägige Hypothesen ausgewertet worden.

Hiermit schließen wir die allgemeine Kennzeichnung von BEVATON ab und wenden uns der genauen Kennzeichnung der einzelnen Teilverfahren zu (§§ 2 bis 7). Dabei werden für jedes Verfahren Eingabedaten, Zielobjekte und Resultate angegeben, die Verfahrensvoraussetzungen formuliert und die Verfahrensschritte beschrieben (vgl. hierzu allgemein § 0.4). Anschließend (§ 8) wird die Verknüpfung von Teilverfahren zu BEVATON-Varianten dargestellt.

Wir beginnen mit dem Teilverfahren LAUT. Die Gewinnung von Lautsegmenten hat sich theoretisch (vgl. Lieb (i. ds. Bd.), §§ 1 und 4) und praktisch-methodologisch als so komplex erwiesen, daß eine ausführliche, ins einzelne gehende Darstellung (§§ 2f) und eine zusätzliche sprachtheoretische Absicherung (§ 4) erforderlich wurden. Wir nehmen also im folgenden in Kauf, daß die Beziehung zu Fragen der Tonhöhenanalyse zeitweilig in den Hintergrund tritt.

2 LAUT

2.1 Allgemeine Kennzeichnung

Eingabedaten für LAUT sind Sprechschall-Ereignisse e, mit denen ein Sprecher P genau ein silbisches (phonetisches oder phonologisches) Wort oder genau einen (phonetischen oder phonologischen) Satz wenigstens eines sprachlichen Systems S äußert, wobei alle lautbezogenen Bedingungen für *normale* Äußerungen des Wortes oder Satzes erfüllt sind.

Ein System S fassen wir in Übereinstimmung mit dem Grundansatz der Integrativen Sprachwissenschaft - vgl. Lieb (1983: Teil A) - als System eines Idiolekts von P auf, der zu einer bestimmten Sprache gehört. Andere Auffassungen - etwa als System einer Sprachausprägung oder einer ganzen Sprache - wären besonders bei einer andersartigen Sprachtheorie möglich, müßten sich jedoch mit dem Problem der Systemunterschiede bei einzelnen Sprechern auseinandersetzen, das im Rahmen der Integrativen Sprachwissenschaft auf bestimmte Weise gelöst wird. Solche Systemunterschiede sind gerade bei den BEVATON-Varianten und ihren Teilverfahren wie LAUT sorgfältig zu beachten.

Das Schallereignis e soll eine Äußerung sein, die im Hinblick auf S 'lautlich normal' ist. Dies bedeutet insbesondere, daß (4.6) in Lieb (i. ds. Bd.) gilt, d.h. zu der Lautfolge des Wortes oder

Satzes gibt es eine Folge von Abschnitten von e, die sich nacheinander den Lauten der Lautfolge dadurch zuordnen lassen, daß sie diese Laute 'realisieren'. Mögliche Einwände gegen diese Forderung werden wir unten in § 4 erörtern.

Das *Zielobjekt* einer Anwendung von LAUT auf ein Eingabedatum e ist eine Lautsegment-Folge bezüglich e und des Produzenten P von e: eine Folge von Abschnitten von e, von denen jeder bei P einem Laut des geäußerten Wortes oder Satzes von S entspricht. Ob dies zutrifft, richtet sich nach auditiven Eigenschaften, welche die Abschnitte für P haben. (Näheres zu Lautsegment-Folgen vgl. Lieb (i. ds. Bd.), §§ 1 und 4.)

Das *Resultat* einer Anwendung von LAUT auf e ist eine Folge E' von Abschnitten von e, die durch auditive Eigenschaften bestimmt ist, welche die Abschnitte für den Experimentator P' haben, also für die Person P', die zu dem benutzten BEVATON-Instrument (M,P',R) gehört. Die Folge E' kommt als Zielobjekt in Frage, d.h. sie hat denselben ontologischen Status wie das Zielobjekt der Anwendung, und ist E' richtig, so ist E' eine Lautsegment-Folge bezüglich e, des Produzenten P von e und der Lautfolge des geäußerten Wortes oder Satzes.

Der Experimentator verwendet Urteile über auditive Eigenschaften, die e für ihn selber hat, zu Hypothesen über auditive Eigenschaften, die e für den Produzenten P hat. Das Resultat einer LAUT-Anwendung kann nur richtig sein, wenn die auditiven Urteile des Experimentators vereinbar sind mit den auditiven Eigenschaften, die e für den Produzenten hat. Analoges gilt für alle weiteren Verfahren. (Genauer vgl. hierzu oben § 0.5.)

Zum Verständnis der *Verfahrensschritte* sind einige Vorbemerkungen erforderlich.

Die Anwendung von LAUT ist an bestimmte Verfahrens*voraussetzungen* gebunden. Sind sie erfüllt, so erfolgen zunächst drei einleitende Schritte [1] bis [3]. Dabei wird zu einem Eingabedatum e eine Lautfolge F postuliert. Im Hauptteil des Verfahrens wird mit der komplexen Schrittfolge [4] versucht, jedem Laut der Lautfolge F genau einen Abschnitt des Eingabedatums e zuzuordnen. Hierbei kann sich die Lautfolge F als teilweise unangemessen erweisen. Das Verfahren endet in [5] mit der Bestätigung oder Revision von F.

Genauer wendet sich P' in der Schrittfolge [4] einem einzelnen Laut L_i der Folge F zu - also dem Laut, der an der i-ten Stelle von F auftritt - und sucht nach einem Abschnitt von e, der ihm entspricht, d.h. nach einem Abschnitt e_i von e, für den gilt:

(i) e_i hat alle oder die meisten auditiven Eigenschaften, die L_i bezüglich P' *festlegt* (d.h. für jede dieser Eigenschaften gilt: Sie ist Wert einer in L_i enthaltenen Funktion für P' als Argument);

(ii) e_i ist ein größter (der größte) Abschnitt dieser Art, den die folgenden Verfahrensschritte zulassen.

Bei der Erläuterung von "festlegt" in (i) ist die Lautauffassung bei Lieb (i. ds. Bd.) vorausgesetzt; vgl. dort (1.15) im Zusammenhang mit (1.11). Bedingung (i) ist so zu verstehen, daß jeder momentane Abschnitt von e_i Teil eines echten oder unechten Abschnitts von e_i ist, der alle genannten auditiven Eigenschaften hat (der also L_i bei P' *realisiert* im Sinne von Lieb (i. ds. Bd.), (1.11e)) oder der zwar nicht alle, aber die meisten dieser Eigenschaften aufweist.

Ein *Abschnitt* eines Schallereignisses ist 'das Schallereignis während einer bestimmten Zeit'. Dabei müssen auch *Unterbrechungen* im Schallereignis - Aussetzen der physikalischen Vorgänge - grundsätzlich als Abschnitte zugelassen werden; andernfalls kann man Verschlußlaute nur schwer in das Verfahren einbeziehen. Natürlich können wir uns bei Verschlußlauten nicht auf die Unterbrechung beschränken, sondern müssen die Unterbrechung in ihrem Schallereignis-Kontext betrachten. (Dies ist auch sprachtheoretisch nötig, um der bekannten Kontextabhängigkeit von Verschlußlautwahrnehmungen Rechnung zu tragen.) Allgemein betrachten wir bei einer hörbaren Unterbrechung (i.f. einfach *Unterbrechung*) nicht nur diese, sondern einen Gesamtabschnitt, der aus der Unterbrechung sowie einem unmittelbar vorausgehenden und/oder einem unmittelbar folgenden Abschnitt des Schallereignisses besteht. Unter der *Kürzung* des Gesamtabschnitts verstehen wir diesen Abschnitt abzüglich aller Teile, die früher sind als die Unterbrechung. Wir verallgemeinern den Begriff der Kürzung für beliebige Abschnitte:

(iii) Es sei e ein Schallereignis, das höchstens eine Unterbrechung enthält ("enthält" schließt ein, daß e von der Unterbrechung verschieden ist).

Die Kürzung von e = das e_1 mit (α) oder (β):

α. e enthält keine Unterbrechung, und e_1 = e.

β. e enthält eine Unterbrechung, und e_1 = e ohne jeden Abschnitt von e, der früher ist als die Unterbrechung

Im Falle (β) ergeben sich für Kürzungen von e die folgenden Möglichkeiten (U = Unterbrechung):

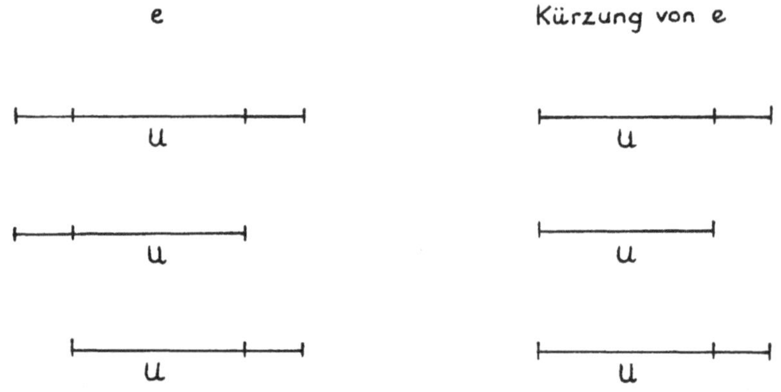

Nach diesen Vorklärungen stellen wir in § 2.2 die Verfahrensvoraussetzungen sowie die einleitenden Schritte dar und in den §§ 2.3 bis 2.5 den Hauptteil des Verfahrens, also die eigentliche Segmentbestimmung.

2.2 Verfahrensvoraussetzungen und einleitende Schritte

[0] VERFAHRENSVORAUSSETZUNGEN

[0.1] e ist ein Eingabedatum für LAUT. (Bei unserer späteren Kennzeichnung der Verfahrensschritte kann man sich an Äußerungen phonetischer Sätze orientieren; die Darstellung gilt jedoch für beliebige Eingabedaten.)

[0.2] Der Experimentator P' versteht e so weit, daß er beim Hören von (Kopien von) e - gegebenenfalls unter Zuhilfenahme einer visuellen Darstellung von (Kopien von) e - begründete Hypothesen darüber aufstellen kann, welches Idiolektsystem oder welche Systeme bei P dem Eingabedatum e zugrunde liegen und welcher Satz (welches Wort) des Systems oder der Systeme mittels e geäußert wurde. Eine solche Hypothese schließt die Hypothese ein, daß eine bestimmte Folge F von Lauten des Systems die Lautfolge des mit e geäußerten Wortes oder Satzes ist.

[0.3] Es sei S ein System, das von P' gemäß [0.2] postuliert wird. Dann ist P' im Hinblick auf jeden phonetischen bzw. phonemischen Laut L von S *auditiv urteilsfähig*, d.h. es gilt für jede auditive Eigenschaft, die L für P' festlegt (im Sinne von § 2.1,(i)): P' weiß, daß L für P' diese Eigenschaft festlegt.

Dies bedeutet, informell ausgedrückt: P' weiß bei jedem Laut von S, wie ein Schallereignis für P' klingen muß, damit es diesem Laut völlig oder zum Teil entspricht.

[0.4] Es sei S wie in [0.3]. P' ist imstande, in der visuellen Amplitudendarstellung eines Schallereignisses, mit dem P ein Wort oder einen Satz von S äußert, hypothetisch Abschnitte zu identifizieren, die solche Abschnitte des Schallereignisses repräsentieren, die bei P' einzelne Laute von S realisieren.

Bemerkungen. Bei einer Hypothese gemäß [0.2] reicht eine näherungsweise Bestimmung der Idiolektsysteme ohne sprachwissenschaftlichen Anspruch aus. Voraussetzung [0.3] definiert die 'phonetische Kompetenz' des Experimentators P' im Hinblick auf Systeme, die er für e und P annimmt: P' muß imstande sein zu erkennen, wie weit ein Schallereignis, das für P' auf bestimmte Weise klingt, einem bestimmten Laut des Systems entspricht.

[1] bis [3] EINLEITENDE SCHRITTE

[1] P' stellt mittels des gegebenen BEVATON-Instruments (M,P',R) einen Plot von e her: eine ausgedruckte Amplitudendarstellung, also ein grafisches Transformat von e - vgl. z.B. Richter (i. ds. Bd.), Anhang. (Der Bezug auf (M,P',R) bleibt i.f. implizit.)

[2] Durch Abhören von (Kopien von) e - gegebenenfalls unter Zuhilfenahme des Plots von e - stellt P' eine Hypothese auf, nach der ein bestimmtes phonetisches oder phonemisches Wort oder ein ebensolcher Satz bestimmter Idiolektsysteme S bei P mit e geäußert wurde, wobei eine bestimmte Folge F von Lauten von S die Lautfolge des Wortes oder Satzes ist.

[3] Für die weitere Analyse wird e (neu) digital abgespeichert.

Nach diesen einleitenden Schritten wird im Hauptteil [4] des Verfahrens für jedes L_i in F - d.h. jeweils für den Laut an der i-ten Stelle von F (i = 1,..., die Länge von F) - zunächst der 'Segmentkern' bestimmt, also ein bestimmter Abschnitt des Eingabedatums e, der L_i 'realisiert' (ein solcher Abschnitt braucht allerdings nicht zu existieren). Diese Bestimmung erfolgt mit den Schritten [4.1] bis [4.7]. (§ 2.3)

Anschließend wird für L_i das 'Gesamtsegment' bestimmt, das den Kern enthält, aber über ihn hinausgreifen kann - Schritt [4.8] und [4.9]. Eventuell ist eine nochmalige Anwendung der Schritte [4.1] bis [4.9] erforderlich - Schritt [4.10]. Hiernach geht man über zu dem nächsten Laut L_{i+1} in F oder schließt das Verfahren mit der Überprüfung von F selber ab - Schritt [5]. (§ 2.4)

2.3 Bestimmung des Segmentkerns

[4] Es sei L_i der i-te Laut in F, i = 1,..., die Länge von F.

[4.1] P' wählt auf dem Plot von e genau einen kleinsten Abschnitt, für den gilt:

(i) Entweder (α) oder (β):

α. Er repräsentiert einen Abschnitt von e, der genau eine Unterbrechung enthält.

β. Er repräsentiert einen Abschnitt von e, der keine Unterbrechung enthält, und er hat eine 'einheitliche grafische Charakteristik'.

(ii) P' darf erwarten: Er repräsentiert einen Abschnitt von e, für den es wenigstens einen Laut von S (s.o. [2])

gibt, so daß für die *Kürzung* des Abschnitts (s.o. § 2.1, (iii)) gilt: Sie realisiert bei P' diesen Laut, d.h. die Kürzung hat alle auditiven Eigenschaften, die der Laut bezüglich P' festlegt: Die Kürzung 'klingt' für P' so, wie es von dem Laut - d.h. den auditiven Funktionen, aus denen er besteht (s.o. § 2.1, (i)) - verlangt wird. (Aus sprachtheoretischen Gründen kann es *höchstens* einen derartigen Laut geben; s. Lieb (i. ds. Bd.), (1.16), sowie die ausführliche Diskussion unten in § 4.)

(iii) Entweder i = 1, und der Abschnitt ist ein räumlich erster Plot-Abschnitt gemäß (i) und (ii); oder i = 2,..., die Länge von F, und der Abschnitt liegt räumlich nach, aber in kleinster bei (i) und (ii) zulässiger Entfernung von dem Abschnitt, den P' beim (i - 1)-ten Ausführen von [4] gewählt hat.

- Gibt es einen Plot-Abschnitt gemäß (i) bis (iii), so geht P' über zu [4.2].
- Andernfalls vermerkt P' das Fehlen eines passenden Plotabschnitts durch ein Null-Symbol [auf dem Auswertungsbogen] und geht über zu [5].

Bemerkung. Statt von dem Plot von e kann man auch von einer Bildschirmdarstellung von e ausgehen, wenn man als *Bildschirmdarstellung* eines Schallereignisses zuläßt: (i) ein Einzelbild, das ein Transformat des Ereignisses ist, (ii) die 'Vereinigung' mehrerer, nacheinander produzierter Einzelbilder, von denen jedes ein Transformat eines Ereignisabschnittes ist, wobei die 'Vereinigung' dieser Abschnitte das Ereignis ergibt. Der Ausdruck "Bildschirmdarstellung" werde künftig in diesem Sinne verstanden.

Wegen Schritt [3] kann P' dann eine Bildschirmdarstellung von e abschnittweise erzeugen, und bei [4.1] und den folgenden Schritten treten Abschnitte dieser Darstellung an die Stelle von Plot-Abschnitten. Die 'Wahl' eines Abschnitts der Darstellung, für den sinngemäß (i) bis (iii) gelten, schließt dabei die Erzeugung des Abschnitts ein, so daß Schritt [4.2] bereits mit Schritt [4.1] ausgeführt ist.

Wir wollen Schritt [4.1] so verstehen, daß er *entweder* mit Plot und Plot-Abschnitten *oder* mit einer Bildschirmdarstellung von e und deren Abschnitten durchgeführt wird. Die Formulierung der folgenden Schritte berücksichtigt nur die erste Möglichkeit, ist jedoch entsprechend zu verallgemeinern.

[4.2] P' erzeugt eine dem Plot-Abschnitt entsprechende Bildschirmdarstellung.

[4.3] P' erzeugt ein der Bildschirmdarstellung entsprechendes akustisches Signal (das also eine Kopie eines Abschnitts von e ist).

[4.4] P' stellt fest, ob die Kürzung des Signals bei P' einen einzelnen Laut von S realisiert; P' beurteilt also das Signal auditiv daraufhin, ob es einen Laut gibt, für den gilt: Die Kürzung des Signals als ganze hat alle auditiven Eigenschaften, die der Laut bezüglich P' festlegt. (Vgl. hierzu Voraussetzung [0.3].)

- Bei positiver Antwort geht P' über zu [4.5].
- Bei negativer Antwort wiederholt P' - ausgehend von dem Plotabschnitt - die Schritte [4.1] bis [4.3], bis die Antwort positiv ist und P' zu [4.5] übergeht oder bis feststeht, daß es keine positive Antwort gibt. Im zweiten Fall verfährt P' wie bei [4.1], negativer Fall.

[4.5] Es sei e_i^* das bei [4.4] zuletzt verwendete Signal.

P' stellt fest, ob die Kürzung von e_i^* bei ihm L_i realisiert.
- Wenn ja, geht P' über zu [4.6].
- Wenn nein, identifiziert P' auditiv den neuen Laut (wegen [4.4] gibt es wenigstens einen und nach [4.1(ii)] höchstens einen solchen Laut) und geht über zu [4.6].

[4.6] Es sei L_i^* der in [4.5] ermittelte Laut.

P' schreibt eine Bezeichnung von L_i^* an die Stelle des Plots von e, die der Kürzung von e_i^* entspricht.

P' erweitert die Bildschirmdarstellung von e_i^* nach links oder rechts um einen festen, in auditiver Hinsicht minimalen Betrag (nur nach rechts, falls e_i^* eine Unterbrechung enthält); erzeugt ein der neuen Darstellung entsprechendes akustisches Signal und stellt fest, ob die Kürzung des neuen Signals bei ihm L_i^* realisiert.

- Wenn nein, wird auf dem Plot von e die linke bzw. rechte Grenze des Abschnitts, welcher der Kürzung von e_i^* entspricht, besonders kenntlich gemacht. *Der Anfang und das Ende des vorläufigen* i-*Kerns* sind dann folgendermaßen bestimmt: Enthält e_i^* eine Unterbrechung und beginnt bzw. endet die Kürzung von e_i^* mit der Unterbrechung (sie beginnt mit ihr in jedem Fall), so ist der Anfang bzw. das Ende *der* Abschnitt von e, welcher der Unterbrechung entspricht; andernfalls ist es der Abschnitt von e, welcher dem frühesten bzw. spätesten auditiv minimalen Abschnitt der Kürzung von e_i^* entspricht.
- Ist das Urteil dagegen positiv - auch die Kürzung des *neuen* Signals realisiert bei P' L_i^* -, so wiederholt P' die genannten Schritte mit dem *neuen* Signal (Erweiterung der Bildschirmdarstellung nach links usw.), bis das Urteil negativ ist und P' mit dem vorletzten benutzten Signal so verfahren kann wie vorher mit e_i^*.

Es ergibt sich nun genau ein Abschnitt von e, der mit dem Anfang des vorläufigen i-Kerns beginnt und mit dem Ende des vorläufigen i-Kerns abschließt.

Dieser Abschnitt heiße *der vorläufige* i-*Kern*. Er wird digital abgespeichert, falls dies technisch möglich ist (d.h. falls bei dem gegebenen BEVATON-Instrument die Kapazität für solche Abspeicherungen ausreicht).

[4.7] Ausgehend von dem vorläufigen i-Kern, bestimmt P' *den endgültigen* i-*Kern*, falls es ihn gibt. Beide sind identisch außer in den folgenden Fällen: Der letzte vor L_i^* ermittelte Laut oder der auf L_i in F folgende Laut ist mit L_i^* identisch; man vergleiche etwa [m] in [kʰɔmmmɪt], "kommen mit". (In diesem Zusammenhang sei darauf hingewiesen, daß wir Langvokale und -konsonanten niemals als Folge von zwei entsprechenden kurzen Lauten auffassen, s.u. § 4.5, Bemerkung 1, sowie § 4.2, Punkt B.)

In einer Äußerung von [kʰɔmmmɪt] gibt es zunächst nur ein einziges [m]-Segment, dessen 'Aufteilung' grundsätzliche Schwierigkeiten bereitet. Die Einbeziehung solcher Fälle führt zu einem Algorithmus für endgültige i-Kerne, der eine gesonderte Darstellung verlangt, s. § 2.5.

Der *endgültige* i-*Kern* wird in § 2.5 durch "e_i^2" bezeichnet. Sobald e_i^2 gegeben ist, läßt sich das gesamte i-*Segment* wie folgt bestimmen.

2.4 Bestimmung des gesamten Segments. Verfahrensabschluß

[4.8] P' ermittelt - und notiert auf Auswertungsbogen und Plot - zunächst *den Anfang des* i-*Segments* von e.

- Beginnt der endgültige i-Kern e_i^2 mit einer Unterbrechung von e, so ist *der Anfang des* i-*Segments* die Unterbrechung.
- Andernfalls wird nach einem größten Abschnitt e_i^1 von e gesucht, für den gilt:

  (i) e_i^1 ist (als ganzes) früher als der endgültige i-Kern e_i^2;

  (ii) für jedes j, wenn

    α. $1 \leq j < i \leq$ die Länge von F,

    β. *die* j-*te Anwendung von* [4] *auf* F (d.h. die Durchführung von Schrittfolge [4], ausgehend von dem j-ten Laut L_j von F) führt bei [4.1] und [4.4] zu einer positiven Antwort,

    γ. es gibt kein k mit $j < k < i$, so daß die k-te Anwendung von [4] auf F bei [4.1] und [4.4] zu einer positiven Antwort führt,

    dann

    δ. e_i^1 ist (als ganzes) später als der endgültige j-Kern;

  (iii) e_i^1 hat die meisten, aber nicht alle auditiven Eigenschaften, die L_i^* bezüglich P' festlegt.

  P' prüft die Existenz eines solchen Abschnitts und ermittelt gegebenenfalls seinen Anfang mit dem bei [4.6] dargestellten, 'nach links' angewandten Verfahren. Dabei spielt der endgültige i-Kern e_i^2 die Rolle von e_i^* in [4.6], und die Frage, ob die Kürzung eines Signals L_i^* realisiert, wird ersetzt durch die Frage, ob sie wenigstens die meisten der durch L_i^* festgelegten Eigenschaften hat.

Der Anfang des i-Segments ist dann der Anfang von e_i^1, falls e_i^1 existiert, sonst der (in [4.7] bestimmte) Anfang von e_i^2.

[4.9] Entsprechend ermittelt und notiert P' das Ende des i-Segments.

- Endet e_i^2 mit einer Unterbrechung von e, so ist *das Ende des i-Segments* die Unterbrechung.
- Andernfalls wird nach einem größten Abschnitt e_i^3 von e gesucht, für den gilt:

(i) e_i^3 ist (als ganzes) später als der endgültige i-Kern e_i^2;

(ii) für jedes j, wenn

α. $1 \leq i < j \leq$ die Länge von F,

β. die j-te Anwendung von [4] auf F führt bei [4.1] und [4.4] zu einer positiven Antwort,

γ. es gibt kein k mit $i < k < j$, so daß die k-te Anwendung von [4] auf F bei [4.1] und [4.4] zu einer positiven Antwort führt,

dann

δ. e_i^2 ist (als ganzes) früher als der endgültige j-Kern;

(iii) [=(iii) in [4.8], mit "e_i^3"].

P' prüft die Existenz eines solchen Abschnitts und ermittelt gegebenenfalls sein Ende mit dem bei [4.6] dargestellten, 'nach rechts' angewandten Verfahren. *Das Ende des i-Segments* ist dann das Ende von e_i^3, falls e_i^3 existiert, sonst von e_i^2.

Das i-Segment selber ist der mit dem Anfang des i-Segments beginnende und mit dem Ende des i-Segments abschließende Abschnitt von e. Das i-Segment ist der gesuchte Abschnitt e_i gemäß (i) und (ii) in § 2.1, falls $L_i^* = L_i$ (vgl. [4.6]).

[4.10] [Dieser Schritt trägt der Möglichkeit Rechnung, daß bei [4.5] in die ursprüngliche Folge F ein Laut 'eingeschoben' wurde;

s.u. § 3.1, Bemerkung 1. Es wird überprüft, ob der Laut L_i nach Einschub von L_i^* immer noch 'abgearbeitet' werden muß.]

- Wenn $L_i^* = L_i$, geht P' über zu [5].
- Wenn $L_i^* \neq L_i$, wiederholt P' die Schritte [4.1] bis [4.5], wobei in [4.1(iii)] auch der Fall i = 1 so wie i > 1 behandelt wird und die Plotentsprechung des i-Segments an die Stelle des Plotabschnitts tritt, den P' beim (i - 1)-ten Ausführen von [4] gewählt hat.

Die Wiederholung von [4.1] bis [4.5] führe bei [4.1] und [4.4] zu einem positiven Ergebnis, und es sei L_i^{**} der Laut, von dem P' in [4.5] feststellt, daß das bei [4.4] zuletzt erhaltene Signal diesen Laut bei P' realisiert.

- Ist $L_i^{**} = L_i$, so geht P' mit dem Signal und L_i^{**} über zu [4.6].
- Ist $L_i^{**} \neq L_i$, so geht P' über zu [5].

[5] [Verfahrensabschluß]

- Falls i < die Länge von F, geht P' über zu L_{i+1}, beginnend mit [4.1].
- Andernfalls ersetzt P' Hypothese [2] durch die Hypothese: Die Lautfolge des mit e geäußerten Wortes oder Satzes ist die Folge der Laute, auf die Schritt [4.7] mit positivem Ergebnis angewandt wurde, in der Reihenfolge der Anwendungen. (Wegen [0.1] muß es genau ein phonetisches oder phonologisches Wort oder genau einen solchen Satz geben, die mit e geäußert sind; daher gibt es auch genau eine entsprechende Lautfolge.)

2.5 Die Bestimmung des endgültigen Segmentkerns im einzelnen

Der Algorithmus für Schritt [4.7] - Bestimmung des endgültigen i-Kerns - bleibt nachzutragen.

Gesucht wird ein Abschnitt e_i^2 von e, der den Laut L_i^* bei P' realisiert *und der von den e-Abschnitten abgrenzbar ist*, die den 'Nachbarlauten' von L_i^* zugeordnet werden müssen - falls es solche Laute und Abschnitte gibt.

Nachbarlaute sind dabei 1. der Laut, der bei der letzten 'erfolgreichen' Anwendung von [4.4] - die also zu einem positiven Ergebnis geführt hat - in [4.5] bestimmt wurde, sowie 2. der Laut L_{i+1} in der Folge F.

Die Abgrenzung des gesuchten Abschnitts e_i^2 von den Nachbarsegmenten ist in den folgenden Fällen unproblematisch: 1. Es gibt keine Nachbarsegmente, weil ein linker oder rechter Nachbarlaut nicht existieren. 2. Die Nachbarlaute sind von L_i^* verschieden. In diesen Fällen kann e_i^2, der endgültige i-Kern, mit dem *vorläufigen* identifiziert werden, wie er durch [4.6] bestimmt wurde.

Grundsätzlich können jedoch der linke oder der rechte Nachbarlaut von L_i^* oder beide mit L_i^* identisch sein, was etwa im Norddeutschen wegen der Assimilationsregeln besonders bei Nasalen vorkommt, vgl. etwa [kʰɔmmmɪt], mit sog. silbischem [m] (der silbische Charakter spielt bei der Bestimmung der Lautfolge - entgegen der üblichen Transkription - *keine* Rolle). In solchen Fällen sind (bei konsistenter Anwendung von [4.6]) vorläufiger (i-1)-Kern, i-Kern und (i+1)-Kern identisch; der vorläufige i-Kern muß sozusagen auf drei Lautvorkommen aufgeteilt werden. Hierfür kann man natürlich nur solche Eigenschaften von Schallereignissen heranziehen, die gerade *nicht* durch L_i^* festgelegt sind, also etwa Tonhöhen- oder Lautheitseigenschaften (vgl. Lieb (i. ds. Bd.), § 4.1). Unter Voraussetzung solcher Eigenschaften erfolgt dann die Bestimmung von e_i^2, des endgültigen i-Kerns, so daß e_i^2 einen *echten Abschnitt* des vorläufigen i-Kerns bildet - vorausgesetzt, ein solcher Kern existiert, s.u. § 3.2, Bemerkung 1.

Wird nun [4.7] wie im folgenden konzipiert, so kann man den unproblematischen und den problematischen Fällen gleichzeitig Rechnung tragen.

[4.7.0] Um die Beziehungen zwischen L_i^* und den Nachbarlauten beschreiben zu können, führen wir zunächst zwei Relationen $=_{iF}$ ("iF-gleich") und $=_{Fi}$ ("Fi-gleich") ein (L und L' sind irgendwelche Laute):

(i) $L =_{iF} L'$ genau dann, wenn gilt: Es gibt ein j, so daß

α. $1 \leq j < i \leq$ die Länge von F,

β. die j-te Anwendung von [4] auf F (d.h. die Durchführung von Schrittfolge [4], ausgehend von dem j-ten Laut L_j von F) führt bei [4.1] und [4.4] zu einer positiven Antwort,

γ. es gibt kein k mit $j < k < i$, so daß die k-te Anwendung von [4] auf F bei [4.1] und [4.4] zu einer positiven Antwort führt,

δ. L = der bei der j-ten Anwendung durch [4.5] bestimmte Laut,

ε. L = L'.

(ii) $L =_{Fi} L'$ genau dann, wenn gilt:

α. $1 \leq i <$ die Länge von F,

β. L = das i-te Glied von F,

γ. L' das (i+1)-te Glied von F,

δ. L = L'.

Mit Hilfe dieser beiden Relationen lassen sich für das Verhältnis von L_i^* und seinen Nachbarlauten je zwei Fälle unterscheiden: (i) Einen mit L_i^* gleichen vorausgehenden Nachbarlaut gibt es, oder es gibt ihn nicht, und (ii) einen mit L_i^* gleichen nachfolgenden Nachbarlaut gibt es, oder es gibt ihn nicht. Fallunterscheidung (i) ist relevant für die Bestimmung des *Anfangs* des endgültigen i-Kerns, (ii) für die Bestimmung des *Endes*.

[4.7.1] Es gibt kein L, so daß $L =_{iF} L_i^*$.

- *Der Anfang des endgültigen* i-*Kerns* ist der Anfang des vorläufigen i-Kerns.

[4.7.2] Es gibt ein L, so daß $L =_{iF} L_i^*$.

- e' ist ein *Anfang des endgültigen* i-*Kerns* g.d.w. e' ein frühester Abschnitt des vorläufigen i-Kerns ist, für den gilt:

(i) e' ist auditiv minimal für P' (s.u. (3.1.2)) bezüglich der Menge der systemrelevanten auditiven Eigenschaften bei P' (vgl. Lieb (i. ds. Bd.), § 4.1), die bei P' *nicht* durch L_i^* festgelegt werden und die irgendein Abschnitt des vorläufigen i-Kerns hat.

(ii) e' ist später als ein Ende des endgültigen (i-1)-Kerns.

[4.7.3] Es gibt kein L, so daß $L_i^* =_{Fi} L$.
- *Das Ende des endgültigen* i-*Kerns* ist das Ende des vorläufigen i-Kerns.

[4.7.4] Es gibt ein L, so daß $L_i^* =_{Fi} L$.
- Ein Ende des endgültigen i-Kerns wird folgendermaßen bestimmt.

P' betrachtet die in [4.7.2(i)] genannte Menge von Eigenschaften. Durch analoge Schritte wie in [4.6] sucht P' nach einem größten Abschnitt e_i^* des vorläufigen i-Kerns, für den gilt:

(i) Ein Anfang des endgültigen i-Kerns ist ein frühester Abschnitt von e_i^*.
(ii) Für jede Eigenschaft in der genannten Menge und zwei beliebige Abschnitte von e_i^*, die bezüglich dieser Menge auditiv minimal sind, gilt: Der eine Abschnitt hat die Eigenschaft genau dann, wenn sie der andere hat.

Wir legen fest:

e' ist ein *Ende des endgültigen* i-*Kerns* g.d.w. es ein e_i^* der genannten Art gibt, so daß entweder (i) oder (ii) gilt:

(i) e_i^* ist eine Unterbrechung (von e) und e' = e_i^*.
(ii) e_i^* ist keine Unterbrechung (von e) und e' = der späteste Abschnitt von e_i^*, der für P' auditiv minimal ist bezüglich der in [4.2.7(i)] genannten Menge.

[4.7.5] e' ist ein *endgültiger* i-*Kern* in e g.d.w. e' ein kleinster Abschnitt von e ist, für den es Teile e_1' und e_2' von e' gibt, so daß gilt:
(i) e_1' ist ein Anfang und e_2' ein Ende des endgültigen i-Kerns.
(ii) Jeder Abschnitt von e, der später ist als e_1' und früher als e_2', ist ein Teil von e'.

Es ließe sich zeigen, daß bei [4.7.2] und [4.7.4] *höchstens ein* Anfang bzw. Ende existieren. Damit gilt auch, daß es *höchstens einen* endgültigen i-Kern gibt. Andererseits braucht es nicht wenigstens einen zu geben, s.u. § 3.2, Bemerkung 1.

[4.7.6] P' stellt gemäß [4.7.1] bis [4.7.5] fest, ob es wenigstens einen endgültigen i-Kern gibt.

- Wenn ja, geht P' weiter zu [4.8]; dabei sei e_i^2 der endgültige i-Kern.
- Wenn nein, notiert P' dies und geht weiter zu [5].

Hiermit ist die Darstellung der Verfahrensschritte abgeschlossen. Allerdings sind Erläuterungen zu einzelnen Punkten angebracht.

3 Erläuterungen

3.1 Bemerkungen zu den §§ 2.1 bis 2.4

Bemerkung 1. Die Lautfolge, die P' in Verfahrensschritt [5] (§ 2.4) schließlich akzeptiert, braucht mit der Ausgangsfolge F in [2] (§ 2.2) nicht identisch zu sein, ja sie muß nicht einmal dieselbe Länge haben. Insbesondere kann sie länger sein als die Ausgangsfolge, vgl. etwa [hants]' gegenüber [hans]', mit 'eingeschobenem' [t]' (zu dem hochgestellten Strich s. u. § 4.3). Schritt [4.10] wurde eingeführt, um dieser Möglichkeit Rechnung zu tragen. Das Verfahren vergleicht also ein Schallereignis e mit einer hypothetisch angenommenen Lautfolge F, die dabei gleichzeitig überprüft und gegebenenfalls modifiziert wird. Wie weit damit Vorgänge beim normalen Hören nachgeahmt werden, muß hier dahingestellt bleiben.

Bemerkung 2. Es sei F' die von P' in [5] hypothetisch akzeptierte Folge von Lauten; E_1 die Folge der endgültigen i-Kerne und E die Folge der i-Segmente ($1 \leq i \leq$ die Länge von F'), wobei in E und E_1 die Reihenfolge der Glieder der Reihenfolge entspricht, in der sie bestimmt wurden. Ist nun F' tatsächlich die Lautfolge des von P mit e geäußerten Wortes oder Satzes von S, müßte gelten:

(3.1.1) E ist eine Lautsegment-Folge in e bezüglich E_1 und F' bei P', im Sinne von Lieb (i. ds. Bd.), (4.9) (vgl. allgemein op. cit. § 4.3). E_1 ist eine *Kernbereichsfolge* zu e und F' bei P' (op. cit. (4.1)).

Einen Beweis für (3.1.1) haben wir allerdings nicht geführt. Bei der Beurteilung von (3.1.1) ist zu beachten, daß wir bei dem Verfahren 'auditiv minimale' Abschnitte angenommen haben, und zwar in einem doppelten Sinn ("e" steht für Schallereignisse und ihre Abschnitte, "Φ" für Mengen von Eigenschaften von Entitäten e, "P" für Personen, "S" für Idiolektsysteme):

(3.1.2) S sei ein Idiolektsystem bei P.
e ist *auditiv minimal* für P bezüglich Φ und S g.d.w. Φ eine nicht-leere Menge von auditiven Eigenschaften bei P ist (im Sinne von Lieb (i. ds. Bd.) (1.11d)), die systemrelevant bezüglich S sind (im Sinne von Lieb (i. ds. Bd.), § 4.1), und e ein kürzestes Schallereignis ist, bei dem für jede Eigenschaft in Φ gilt: Es ist sinnesphysiologisch und psychologisch möglich, daß e die Eigenschaft hat.

(3.1.3) Es sei S ein Idiolektsystem bei P.
e ist *auditiv absolut minimal* für P bezüglich S g.d.w. e ein kürzestes e_1 ist, für das es ein Φ gibt, so daß e_1 auditiv minimal für P bezüglich Φ und S ist.

Die Definitionen in Lieb (i. ds. Bd.), die für (3.1.1) einschlägig sind, machen von auditiv minimalen Abschnitten keinen Gebrauch. So weit wir sehen, bedeutet dies jedoch nur eine unnötige Allgemeinheit der Definitionen: Die Annahme auditiv minimaler Abschnitte von Sprechschall-Ereignissen ist empirisch gerechtfertigt.

Bemerkung 3. In der Lautsegment-Folge E gemäß (3.1.1) verhalten sich aufeinanderfolgende Glieder e_i und e_{i+1} grundsätzlich wie in der folgenden Abbildung zueinander:

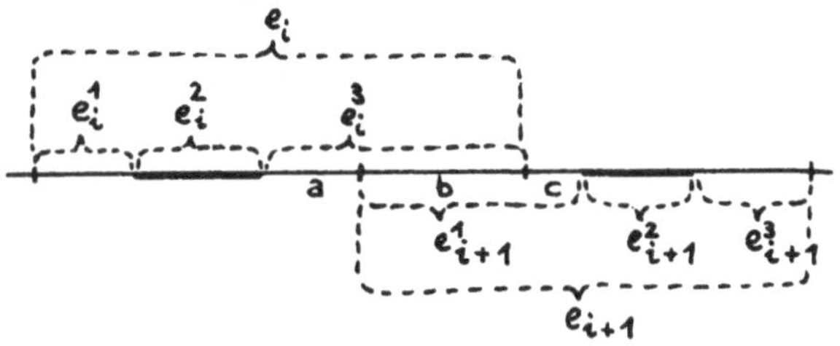

e_i und e_{i+1} sind die *Segmente* in e, die den Lauten L_i und L_{i+1} von F' zugeordnet sind (zu "Segment" und den folgenden Begriffen vgl. Lieb (i. ds. Bd.), (4.7)). e_i^2 und e_{i+1}^2 sind die *Kernbereiche* dieser Laute in e (die diese Laute in e haben). e_i^1 und e_{i+1}^1 sind die *Vorsegmente* der Laute in e, und e_i^3 und e_{i+1}^3 ihre *Nachsegmente*. Die Kernbereiche müssen existieren, Vor- und Nachsegmente jedoch nicht. 'Unterbrechungen' sind als Abschnitte von Segmenten usw. zugelassen, s.o. § 2.1.

Vor- und Nachsegment weisen bei dem Experimentator P' jeweils die meisten, aber nicht alle Eigenschaften auf, die der betreffende Laut festlegt. Die Lautsegmente e_i und e_{i+1} können sich nicht in den Kernbereichen, sondern allenfalls in dem Nachsegment e_i^3 und dem Vorsegment e_{i+1}^1 überschneiden (Abschnitt b in der Zeichnung). Einen *Übergang* b (Lieb (i. ds. Bd.), (4.10)) braucht es nicht zu geben, ebensowenig die Abschnitte a und c. (Existiert b und ist b kein Abschnitt von e_i oder e_{i+1}, so ist b durch F' *bedingt* im Sinne von Lieb (i. ds. Bd.), (4.4).)

Bemerkung 4. Aufgrund der sprachtheoretischen Definitionen von "Kernbereich", "Vorsegment" und "Nachsegment" wurde bei der Verfahrensbeschreibung verlangt, ein vorläufiger und ein endgültiger Kern sollten *alle* Eigenschaften haben, die der betreffende Laut für den Experimentator festlegt, und weiter, die als Vor- oder Nachsegment ermittelten Abschnitte sollten die *meisten* dieser Eigenschaften aufweisen. Bei der praktischen Anwendung dieser Bestimmungen treten jedoch Schwierigkeiten auf: Auditive Charakteristika sind als je einzelne bei Lauten weniger erforscht als artikulatorische oder akustische. Ferner muß man wenigstens theoretisch damit rechnen, daß Laute auditiv völlig über Prototypen und Ähnlichkeitsrelationen zu bestimmen sind (vgl. Lieb (i. ds. Bd.), § 1.2).

In Übereinstimmung mit Lieb (i. ds. Bd.) lassen wir offen, ob eine Prototypenauffassung von Lauten angemessen ist. Trotzdem können wir eine Prototypenauffassung praktisch nutzen. Es ist nämlich folgende Annahme (3.1.5) vertretbar ("L" steht für Laute):

(3.1.4) *Definition. Die L-Eigenschaft bei* P = die Eigenschaft, ein e zu sein, das jede Eigenschaft hat, die L für P festlegt (d.h. jede Eigenschaft, die Wert einer in L enthaltenen Funktion für P als Argument ist, s. Lieb (i. ds. Bd.), (1.11)).

(3.1.5) *Annahme*. Die L-Eigenschaft bei P ist äquivalent mit der Eigenschaft, ein e zu sein, das für P 'in jeder Hinsicht wie ein L-Schallereignis klingt'.

("ist äquivalent mit" heißt "kommt genau denselben Schallereignissen zu wie".) Bei der Verfahrensanwendung kann dann die zweite Eigenschaft statt der ersten als Gegenstand der auditiven Beurteilung genommen werden.

Bei (3.1.5) verweist "in jeder Hinsicht" auf die zugrunde liegenden Ähnlichkeitsrelationen zwischen Schallereignissen, die bei vokalischen mit "Helligkeit", "(auditive) Offenheit" o.ä. angedeutet sind. In Analogie zu (3.1.5) ist die folgende Annahme (3.1.7) vertretbar:

(3.1.6) *Definition. Die schwache L-Eigenschaft bei* P = die Eigenschaft, ein e zu sein, das die meisten, aber nicht alle Eigenschaften hat, die L für P festlegt.

(3.1.7) *Annahme*. Die schwache L-Eigenschaft bei P ist äquivalent mit der Eigenschaft, ein e zu sein, das für P 'in den meisten, aber nicht in allen Hinsichten wie ein L-Schallereignis klingt'.

Wiederum kann man bei der Verfahrensanwendung die zweite statt der ersten Eigenschaft als Gegenstand der auditiven Beurteilung wählen. Allerdings folgt bei normaler Interpretation von "die meisten":

(3.1.8) Ist bei L die Anzahl der Ähnlichkeitsrelationen ('Hinsichten') < 3, so gibt es kein e mit der schwachen L-Eigenschaft.

Für ein derartiges L_i würden sich also keine Abschnitte e_i^1 oder e_i^3 (Vorsegmente oder Nachsegmente) ergeben.

Andererseits ist die Vermutung gut begründbar, daß der Vordersatz von (3.1.8) bei Lauten niemals zutrifft.

3.2 Bemerkungen zu § 2.5

Bei der Bestimmung des endgültigen i-Kerns (§ 2.5) sind zwei Punkte besonders hervorzuheben.

Bemerkung 1. Es braucht einen endgültigen i-Kern nicht zu geben. Es sei beispielsweise (i-1, L) ε F und (i,L) ε F, und der vorläufige (i-1)-Kern e_{i-1}, also ein gewisser Abschnitt der Äußerung e, realisiere L. e_{i-1} ist dann auch der vorläufige i-Kern:

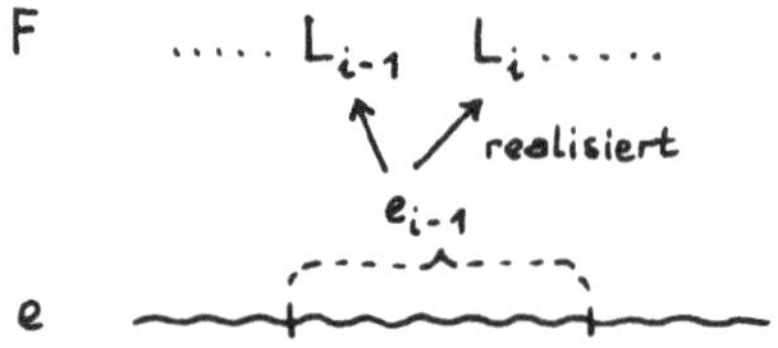

Wir zeigen, daß es hierbei keinen Anfang des endgültigen i-Kerns zu geben braucht, und also auch keinen endgültigen i-Kern.

Ein Anfang $e_i^!$ des endgültigen i-Kerns müßte nämlich ein Abschnitt von e_{i-1} sein, für den (i) in [4.7.2] gilt (auditive Minimalität) sowie (ii) $e_i^!$ ist später als das Ende des endgültigen (i-1)-Kerns.

Dieses Ende ist gemäß [4.7.4] zu bestimmen. Dazu muß ein größter Abschnitt e_{i-1}^* des vorläufigen (i-1)-Kerns - also von e_{i-1} - gefunden werden, der den Bedingungen (i) und (ii) genügt, die in [4.7.4] für e_i^* formuliert wurden.

Es ist nun durchaus möglich, daß e_{i-1} selber der einzige derartige Abschnitt von e_{i-1} ist: Im Hinblick auf (i) können wir zunächst annehmen, daß der Anfang des endgültigen (i-1)-Kerns gemäß [4.7.1] bestimmt ist, d.h als der Anfang des vorläufigen (i-1)-Kerns und somit als ein frühester Abschnitt von e_{i-1}; ferner kann durchaus gelten: Zu jedem Zeitpunkt hat e_{i-1} für P' genau dieselben systemrelevanten Eigenschaften, die nicht durch L selber festgelegt sind, also etwa dieselbe Tonhöhe, Intensität, usw.

e_{i-1} ist dann ein Abschnitt e_{i-1}^* der in [4.7.4] geforderten Art. Es sei e_{i-1} keine Unterbrechung von e. In diesem Fall ist das Ende des endgültigen (i-1)-Kerns der späteste Abschnitt $e_{i-1}^!$

von e_{i-1}, der für P' auditiv minimal ist bezüglich der früher genannten Menge von Eigenschaften, vgl. [4.7.4].

Wenn nun e'_i ein Anfang des endgültigen i-Kerns sein soll, dann muß e'_i, wie gesagt, ein ebensolcher auditiv minimaler Abschnitt von e_{i-1} sein, der später ist als e'_{i-1}; jedoch ist e'_{i-1} der späteste derartige Abschnitt. Also gibt es keinen Anfang des endgültigen i-Kerns, und somit auch keinen endgültigen i-Kern.

Wir haben hier einen Fall vor uns, wo das zweite Vorkommen von L in der hypothetischen Lautfolge F zu Unrecht angesetzt wurde; entsprechend wird es in [4.7.6] durch Übergang zu [5] beseitigt.

Bemerkung 2. Mit der Diskussion in Bemerkung 1 haben wir zugleich an einem schwierigen Beispiel vorgeführt, wie die vier Unterfälle in [4.7] ineinandergreifen: Es ist unschädlich, wenn wir in [4.7.2] ein Ende des endgültigen (i-1)-Kerns heranziehen, um einen Anfang des endgültigen i-Kerns zu bestimmen; und in [4.7.4] einen Anfang des endgültigen i-Kerns voraussetzen, um ein Ende des endgültigen i-Kerns zu ermitteln.

Es gebe nämlich einen Anfang und ein Ende, also genau einen Anfang und genau ein Ende. Ihre Bestimmung ist problemlos unter den Bedingungen von [4.7.1] und [4.7.3].

Der kritische Fall für den *Anfang* ist [4.7.2]. Er setzt zu seiner Lösung voraus, daß ein (das) Ende des endgültigen (i-1)-Kerns bestimmt wird. Dies *kann* erfordern, daß man den Anfang des endgültigen (i-1)-Kerns bestimmt (vgl. [4.7.4(i)]. Entweder erfolgt dies über den unkritischen Fall [4.7.1] oder wiederum über den kritischen [4.7.2]. Man macht sich jedoch leicht klar, daß man wegen Bedingung (ii) in [4.7.2] und Bedingung (iα) in [4.7.0] nach endlich vielen Schritten stets den unkritischen Fall [4.7.1] erreicht. Damit ist es für die Bestimmung des *Anfangs* des endgültigen i-Kerns unschädlich, wenn man auf das Ende des endgültigen (i-1)-Kerns zurückgreift.

Ebenso darf man das *Ende* des endgültigen i-Kerns bestimmen, indem man in [4.7.4(i)] den Anfang des endgültigen i-Kerns als gegeben voraussetzt: Bei der Bestimmung des Anfangs wird man nämlich auch im kritischen Fall [4.7.2] nicht wieder auf das Ende des endgültigen i-Kerns verwiesen, sondern auf das Ende des endgültigen (i-1)-Kerns, mit den gerade dargestellten Konsequenzen.

In den §§ 2.2 bis 2.5 haben wir eine 'vollständige' Anwendung von LAUT beschrieben. Grundsätzlich sollte man jedoch auch 'unvollständige' zulassen, bei denen insbesondere nur die Laute einzelner Silben erfaßt werden.

3.3 Vollständige und unvollständige Anwendungen von LAUT

Wir gehen aus von einem Begriff der 'beschränkten' Anwendung ("H" steht für beliebige Handlungsfolgen, "F" steht für Teilmengen von Lautfolgen - jede Lautfolge ist, formal gesehen, eine Menge von Paaren (i,L), wo i = 1,...,n (n > 0) und L ein Laut ist):

(3.3.1) H ist eine *auf* F' *beschränkte Anwendung von LAUT auf* e *durch* P', M *und* R genau dann, wenn gilt:
a. e, P', M und R genügen den Verfahrensvoraussetzungen von LAUT;
b. H genügt den Verfahrensschritten für LAUT bezüglich e, P', M und R mit der folgenden Einschränkung: Schritt [4] und [5] werden nur auf die Elemente von F' angewandt;
c. F' ist eine nicht-leere Teilmenge der in Schritt [2] von H angenommenen Lautfolge F.

Die Begriffe der 'vollständigen' und 'unvollständigen' Anwendung lassen sich nun folgendermaßen definieren:

(3.3.2) H ist eine *vollständige Anwendung von LAUT auf* e *durch* P', M *und* R genau dann, wenn es ein F' gibt, so daß gilt:
a. H ist eine auf F' beschränkte Anwendung von LAUT auf e durch P', M und R;
b. F' = die in Schritt [2] von H angenommene Lautfolge F.

(3.3.3) H ist eine *unvollständige Anwendung von LAUT auf* e *durch* P', M *und* R genau dann, wenn es ein F' gibt, so daß gilt:
a. [= (3.3.2a)]
b. F' ≠ die in Schritt [2] von H angenommene Lautfolge F.

Statt von vollständigen Anwendungen werden wir auch weiterhin einfach von Anwendungen sprechen, wenn Mißverständnisse unwahrscheinlich sind.

LAUT ist ein komplexes Verfahren, das erhebliche sprachtheoretische Voraussetzungen macht. Im folgenden § 4 erörtern wir eine sprachtheoretische Annahme, die für LAUT von besonderer Wichtigkeit ist: die Annahme der 'Lautinkompatibilität' - wie berechtigt ist sie? (Systematisch gesehen, gehört § 4 zu Lieb (i. ds. Bd.); er ergänzt den sprachtheoretischen Rahmen für LAUT und unterbricht insofern die Darstellung der BEVATON-Teilverfahren, die erst in § 5 mit der Charakterisierung von SILB wieder aufgenommen wird.)

4 Zu den sprachtheoretischen Grundlagen von LAUT

4.1 Lautinkompatibilität: eine sprachtheoretische Schlüsselannahme

Mit einer Anwendung von LAUT auf ein passendes Sprechschall-Ereignis wird einer vorläufig angenommenen Lautfolge eine Folge von Segmenten des Ereignisses zugeordnet, von denen jedes in seinem Kern einen entsprechenden Laut realisiert. Entgegen traditionellen Einwänden ist ein solches Verfahren möglich, wenn bestimmte sprachtheoretische Annahmen vorausgesetzt werden. Am wichtigsten ist die Annahme der Lautinkompatibilität (Lieb (i. ds. Bd.), (1.16b)):

(4.1.1) Verschiedene Laute desselben Systems sind inkompatibel.

Dabei ist "inkompatibel" wie folgt zu verstehen:

(4.1.2) L_1 und L_2 sind *inkompatibel* genau dann, wenn für alle e_1, e_2 und P gilt: Realisiert e_1 L_1 bei P und e_2 L_2 bei P, so haben e_1 und e_2 keinen gemeinsamen Teil.

"Realisiert" wiederum heißt:

(4.1.3) e *realisiert* L bei P genau dann, wenn e jede Eigenschaft hat, die L bezüglich P *festlegt* (also jede Eigenschaft, die Wert einer in L enthaltenen Funktion für P als Argument ist).

Unter Berücksichtigung von (4.1.2) und (4.1.3) ist also Annahme (4.1.1) äquivalent mit

(4.1.4) Sind L_1 und L_2 verschiedene Laute desselben Systems, so gilt: Für alle e_1, e_2 und P, hat e_1 jede Eigenschaft, die L_1 bezüglich P festlegt, und hat e_2 jede Eigenschaft, die L_2 bezüglich P festlegt, so haben e_1 und e_2 keinen gemeinsamen Teil.

Die sprachtheoretische Annahme (4.1.1) bzw. (4.1.4) ist aus dem folgenden Grunde fundamental für LAUT als Verfahren: Ohne sie ist die Existenz von Kernbereichsfolgen im Sinne von Lieb (i. ds. Bd.), (4.1), die den Lautsegment-Folgen zugrunde liegen, nicht zu sichern; entsprechend wäre es unmöglich, die endgültigen i-Kerne durch LAUT stets überschneidungsfrei abzugrenzen. (Man beachte, daß bei verschiedenen Lautsegmenten nur die Kernsegmente, nicht aber die Lautsegmente selber überschneidungsfrei sein müssen; vgl. hierzu § 3.1, Bemerkung 3.)

Bei Lieb (i. ds. Bd.) wird die Annahme der Inkompatibilität nicht weiter erörtert. Es scheint uns deshalb angebracht, sie hier gegen mögliche Einwände abzusichern. Wir diskutieren daher im folgenden eine Reihe von Fällen, in denen die Annahme problematisch erscheinen könnte. (Von der Literatur, an der wir uns orientiert haben, sei wenigstens eine für die §§ 4.3 - 4.6 wichtige Arbeit genannt: die umfangreiche Materialstudie von Knetschke und Sperlbaum (1987).)

4.2 Komplexe Laute, lange Laute, Doppellaute

A. *Das Problem komplexer Laute.* Es ist eine alte Streitfrage, wie Affrikaten sowie Diphthonge und Triphthonge zu behandeln seien, ob als einzelne, komplexe Laute oder als Lautkomplexe. Aus (4.1.1) ergibt sich:

(4.2.1) Gibt es in einem System zu einer Affrikate, einem Diphthong oder einem Triphthong einen Laut, welcher der Affrikate, dem Diphthong oder Triphthong teilweise entspricht, so ist die Affrikate, der Diphthong oder Triphthong kein Laut des Systems.

Bei einer Auffassung als Laut des Systems entstünde nämlich ein offensichtlicher Widerspruch zu (4.1.4) und damit zu (4.1.1).

Nun dürfte der bedingende Vordersatz in (4.2.1) stets zutreffen. Damit sind Affrikaten usw. ganz allgemein keine Laute. Vielmehr lassen sie sich auffassen als Lautverbindungen, die Teile der Lautfolgen von Wörtern oder Sätzen bilden. Wir schlagen deshalb vor, die traditionellen Begriffe neu zu fassen: Statt "L ist eine Affrikate (usw.) von S" muß es heißen: "F_1 ist eine Affrikate (usw.) in F und S". Hier ist F die Lautfolge eines Wortes oder Satzes in dem sprachlichen System (Idiolektsystem) S, und F_1 ist ein Teil von F, der zwei (oder mehr) verschiedene, in F unmittelbar aufeinanderfolgende Laute enthält. Sind bestimmte Bedingungen erfüllt, so ist ein solcher Teil einer Lautfolge *in dieser Lautfolge* eine Affrikate usw., andernfalls ist er es nicht. Im Gegensatz zu einem Begriff wie "Verschlußlaut" ist ein Begriff wie "Affrikate" nicht einfach auf sprachliche Systeme S, sondern zusätzlich auf Lautfolgen zu relativieren.

'Komplexe Laute' im traditionellen Sinn werden also als 'Lautkomplexe' oder Lautverbindungen analysiert, die Teile der Lautfolgen von Wörtern oder Sätzen bilden; ein Widerspruch zu (4.1.1) besteht damit nicht.

B. *Das Problem langer Laute.* Es gebe in einem System 'lange' und 'kurze' Laute derselben Art; dies können Vokale ebenso wie Konsonanten sein. Für ihre Unterscheidung schwankt man traditionell zwischen einer 'segmentalen' und einer 'suprasegmentalen' Lösung. Beide sind mit (4.1.1) vereinbar.

Bei der 'suprasegmentalen' Lösung tritt ein einziger Laut, der weder kurz noch lang ist, an die Stelle eines kurzen und des entsprechenden langen (es sei denn, der Längenunterschied ist nicht der einzige Unterschied zwischen den beiden Lauten). Die Unterscheidung zwischen 'kurzen' und 'langen' Lauten verschwindet, Längenunterschiede zwischen Lautsegmenten werden 'suprasegmental' rekonstruiert. Damit verschwindet auch das Problem, daß ein Äußerungsabschnitt, der einen 'langen' Laut realisiert, einen echten Teil haben könnte, der den entsprechenden 'kurzen' Laut realisiert.

Bei der 'segmentalen' Lösung wird immer schon stillschweigend vorausgesetzt, daß man als Realisierung eines kurzen oder langen Lautes nur solche Schallereignisse betrachten darf, für die gilt: Sie sind selber nicht *echter Teil* eines Schallereignisses, das - von Längeneigenschaften abgesehen - alle durch den Laut festgelegten Eigenschaften hat. Nur unter dieser Voraussetzung ist es überhaupt sinnvoll, einem Schallereignis kürzere oder längere *relative Länge* zuzuschreiben. Ein echter Teil eines Äußerungsabschnitts, der einen 'langen' Laut realisiert, kommt dann als Realisierung des entsprechenden 'kurzen' Lautes nicht in Frage. Die 'segmentale' Lösung ist hiernach mit (4.1.1) ebenfalls vereinbar.

C. *Das Problem der Doppellaute.* Es möge sich in der Lautfolge eines Wortes derselbe Laut direkt wiederholen. In einer normalen Äußerung des Wortes haben wir dann nur ein einziges Segment, das - so könnte man sagen - 'beide Laute zugleich realisiert'.

Im Hinblick auf (4.1.1) und (4.1.4) handelt es sich hier jedoch um ein Pseudoproblem, das durch eine Fehlformulierung entsteht: "beide Laute zugleich realisiert" muß ersetzt werden durch "den Laut an beiden Stellen der Lautfolge zugleich realisiert" - wir haben nur *einen* Laut, der *zweimal* vorkommt, nicht *zwei* verschiedene Laute, die *je einmal* vorkommen. Es tritt also kein Widerspruch zu (4.1.1) auf.

Das Problem liegt vielmehr an anderer Stelle: Wie lassen sich verschiedene Abschnitte des einheitlichen Segments dem ersten und dem zweiten Laut*vorkommen* - nicht: Laut - zuordnen? Zur Lösung dieses Problems vgl. Lieb (i. ds. Bd.), § 4.1, sowie praktisch oben § 2.5: Die Zuordnung von Segment-Abschnitten zu den verschiedenen Lautvorkommen erfolgt durch Rückgriff auf unterschiedliche Mengen von 'systemrelevanten' Eigenschaften, die nicht schon durch den zweimal vorkommenden Laut selber festgelegt sind.

Wann in der Lautfolge eines Wortes oder Satzes eine Lautwiederholung vorliegt, ist keine triviale Frage; vgl. hierzu unten (4.5.1).

4.3 Das Problem der Konsonantenverbindungen

Im folgenden werden wir uns auf Beispiele beziehen müssen. Dazu ist eine *Vorbemerkung* angebracht.

In allen Beispielen bezeichnet ein Ausdruck wie "[n]" eine Menge von 'artikulatorischen Funktionen', von denen jede einem gegebenen Sprecher eine auf ihn relativierte artikulatorische Eigenschaft von Schallereignissen zuordnet, etwa die Eigenschaft, von dem Sprecher unter Ausströmen von Luft durch die Nase artikuliert zu sein. Ein Ausdruck wie "[n]'" bezeichnet eine Menge von 'auditiven Funktionen', von denen also jede einem gegebenen Sprecher eine auf ihn relativierte auditive Eigenschaft zuordnet, etwa die Eigenschaft, für den Sprecher 'nasal zu klingen'. Genauer handelt es sich bei [n]' um die Menge aller auditiven Funktionen l, für die gilt: Wenn ein Schallereignis alle artikulatorischen Eigenschaften hat, die dem Sprecher durch Funktionen in [n] zugeordnet werden, dann hat es auch die auditive Eigenschaft, die dem Sprecher durch l zugeordnet wird. Nach unserer Lautauffassung ist nicht [n] ein Laut, sondern [n]'; [n] ist die oder eine *artikulatorische Basis* des Lautes. Eine Laut*folge* wird entsprechend durch einen mehrgliedrigen phonetischen Namen der üblichen Art, gefolgt von einem Strich, bezeichnet: [na]'. (Im einzelnen vgl. zu dieser Vorbemerkung Lieb (i. ds. Bd.), §§ 1.3f, bes. (1.11).)

Bei Konsonantenverbindungen entsteht im Hinblick auf (4.1.1) das folgende Problem.

Wenn nach einer traditionellen Analyse, also bei artikulatorischem statt auditivem Lautbegriff, in der Lautfolge eines Wortes oder Satzes Konsonanten aufeinandertreffen, so können bei der Äußerung des Wortes oder Satzes artikulatorische 'Verschmelzungen' auftreten. Beispielsweise würde man die Lautfolge des Wortes *Abbau* (hier orthographisch bezeichnet) üblicherweise als [ʔapbaʊ] ansetzen. Normalerweise wird bei der Artikulation der [pb]-Kombination jedoch nur *ein* oraler Verschluß gebildet, und es findet nur *eine* orale Verschlußöffnung statt; [p] und [b] werden bei der Äußerung 'artikulatorisch verschmolzen'. Läßt sich Annahme (4.1.1) - verschiedene Laute desselben Systems sind inkompatibel - aufrechterhalten?

Zunächst gilt: Jede 'artikulatorische Verschmelzung', die keine auditive zur Folge hat, ist für uns irrelevant - wir haben keine artikulatorische, sondern eine auditive Lautauffassung. Trotzdem gibt es Konsonantenverbindungen, bei deren Äußerung auch auditiv 'Verschmelzungen' angesetzt werden können. Wir möchten uns im folgenden (§ 4.4 bis 4.6) auf drei wichtige Fälle beschränken und sie für eine Einzelsprache - das Deutsche - erörtern.

4.4 Verschiedene homorgane Verschlußlaute

Als Beispiel betrachten wir dt. *Abbau*. Bei normaler Äußerung dieses Wortes tritt nach der Realisierung des [a]' i.a. ein Äußerungsabschnitt auf, dessen Artikulation sich folgendermaßen beschreiben läßt: Nach einem Lippenverschluß, der bei gleichzeitig beibehaltenem Nasenverschluß stark und ohne Schwingen der Stimmbänder ausgeführt wird, geht der Sprechapparat ohne Sprechtempo-Änderung, aber mit Zeitaufwand für ein Erschlaffen der Muskeln über zu einer schwach ausgeführten Öffnung des Lippenverschlusses, möglicherweise mit gleichzeitig einsetzendem Schwingen der Stimmbänder. Das Ergebnis ist ein Äußerungsabschnitt, der 'vorne wie ein p und hinten wie ein b klingt und der lang - länger als ein p oder ein b - klingt'. (Andersartige Artikulationen, mit abweichendem auditivem Effekt, sind ebenfalls möglich.)

Angenommen, wir betrachten [ʔapbaʊ]' als die Lautfolge von *Abbau*. Müssen wir dann nicht sagen, der beschriebene Äußerungsabschnitt realisiere sowohl [p]' als auch [b]', im Widerspruch zu (4.1.4)? Diesem Einwand läßt sich in dreifacher Weise begegnen.

1. Die Lautfolge von *Abbau* kann als [ʔap͜baʊ]' statt [ʔapbaʊ]' angesetzt werden, wo [p͜b]' ein einzelner Laut ist; eben der Laut, dessen artikulatorische Basis oben beschrieben wurde. Bei einer normalen Äußerung des Wortes wird der Laut durch ein einzelnes Segment der 'Kernbereichsfolge' realisiert (vgl. Lieb (i. ds. Bd.), § 4.1, sowie (4.6)).

2. Die Lautfolge ist [ʔap**baʊ]', wo [p*]' ein Laut ist, dessen artikulatorische Basis der Basis von [p͜b]' bis zur Öffnung entspricht, und [*b]' ein Laut, dessen artikulatorische Basis der Basis von [p͜b]' von der Öffnung an entspricht. Bei einer normalen Äußerung folgt in der Kernbereichsfolge eine [*b]'-Realisierung auf eine [p*]'-Realisierung.

3. Die Lautfolge ist [ʔapbaʊ]', wo [p]' und [b]' so bestimmt sind, daß Realisierungen von [p*]' und [*b]' auch Realisierungen von [p]' bzw. [b]' sind, und wo [p*]' und [*b]' nicht als Laute zugelassen werden (als Laute, die von derselben Art wie [p]' und

[b]' - also phonetische Laute - sind und die zu demselben System gehören wie [p]' und [b]'). Bei einer normalen Äußerung folgt in der Kernbereichsfolge eine [b]'-Realisierung, die zugleich eine [*b]'-Realisierung ist, auf eine [p]'-Realisierung, die zugleich eine [p*]'-Realisierung ist.

Jede der drei Lösungen ist mit (4.1.4) und also mit (4.1.1) vereinbar; insoweit brauchen wir uns hier für keine zu entscheiden. Lösung 2 und 3 sind außerdem gleichwertig im Hinblick auf Kernbereichsfolgen, so daß man diese Lösungen zusammen der ersten gegenüberstellen kann.

Die Diskussion des Beispiels läßt sich sinngemäß auf beliebige Fälle übertragen, in denen nach traditioneller Ausdrucksweise verschiedene homorgane Verschlußlaute aufeinandertreffen.

4.5 Gleiche Verschlußlaute

Als Beispiel betrachten wir das (aus der Maurersprache stammende) Wort *Abputz*. Es entsteht ein Problem ähnlich wie bei *Abbau*, für das ganz entsprechend drei Lösungen existieren.

1. Die Lautfolge von *Abputz* kann als [ˀap͜pʊts]' statt [ˀappʊts]' angesetzt werden, wo [p͜p]' = [p]' (oder eventuell [p͜p]' = 'langes p', was wie in § 4.2, B, zu behandeln wäre). Wiederum wird der Laut bei einer normalen Äußerung des Wortes durch ein einzelnes Segment in der Kernbereichsfolge realisiert.

2. Die Lautfolge ist [ˀap**pʊts]', wo [p*]' ein Laut ist, dessen artikulatorische Basis der Basis von [p͜p]' bis zur Öffnung entspricht, und [*p]' ein Laut, dessen artikulatorische Basis der Basis von [p͜p]' von der Öffnung an entspricht. Bei einer normalen Äußerung folgt in der Kernbereichsfolge eine [*p]'-Realisierung auf eine [p*]'-Realisierung.

3. Die Lautfolge ist [ˀappʊts]', wo [p]' so bestimmt ist, daß Realisierungen von [p*]' und [*p]' auch Realisierungen von [p]' sind, und wo [p*]' und [*p]' nicht als Laute zugelassen werden (als Laute, die von derselben Art wie [p]' - also phonetische Laute - sind und die zu demselben System wie [p]' gehören). Bei einer normalen Äußerung folgt in der Kernbereichsfolge eine [p]'-Realisierung, die zugleich eine [*p]'-Realisierung ist,

auf eine [p]'-Realisierung, die zugleich eine [p*]'-Realisierung ist.

Bei der dritten Lösung - und nur bei ihr - liegt in der Lautfolge des Wortes *Lautwiederholung* vor, womit C in § 4.2 (Problem der Doppellaute) zur Anwendung kommt, d.h. wir müssen sprachtheoretisch Lieb (i. ds. Bd.), § 4.1, und methodologisch oben § 2.5 heranziehen. (In diesem Zusammenhang ist Folgendes zu beachten. Die Eigenschaften, die [*p]' bzw. [p*]' jeweils festlegen, werden von den Eigenschaften, die [p]' festlegt, nur *impliziert*, nicht aber ihrerseits von [p]' *festgelegt*. Die Mengen der durch [*p]' und [p*]' jeweils festgelegten Eigenschaften sind verschieden, und die erste Menge hilft bei einer Äußerung des Wortes mit, einen Kernbereich für das erste [p]'-Vorkommen abzugrenzen, die zweite, einen Kernbereich für das zweite [p]'-Vorkommen zu bestimmen: vgl. (ciii) in der Definition von "Kernbereichsfolge" bei Lieb (i. ds. Bd.), (4.1).)

Jede der drei Lösungen ist mit (4.1.4) und also mit (4.1.1) vereinbar; insoweit brauchen wir uns wiederum für keine von ihnen zu entscheiden. Ebenso sind Lösung 2 und 3 gleichwertig im Hinblick auf Kernbereichsfolgen.

Bemerkung 1. Lösung 3 wird in ihrem Anwendungsbereich eingeschränkt, aber auch gesichert durch die folgende sprachtheoretische

(4.5.1) *Annahme zu Lautwiederholungen.* In der Lautfolge eines phonemischen Wortes oder Satzes wiederholt sich ein Laut unmittelbar genau dann - und in der Lautfolge eines phonetischen Wortes oder Satzes nur dann - wenn bei der morphologischen Analyse des Wortes oder Satzes die beiden Vorkommen des Lautes zu unterschiedlichen Morphen gehören.

Dies schließt für das Deutsche insbesondere aus, daß man die sog. 'Konsonantenverdopplung' der Schrift auf die Lautfolgen der Wörter überträgt: *kommen* hat die Morphe /kom/' und /en/' und daher die phonemische Lautfolge /komen/', phonetisch [kʰɔmən]'. *kommen* hat diese Lautfolge unabhängig davon, ob [m]' phonetisch kurz ist oder, wie in manchen Teilen des deutschen Sprachgebiets, phonetisch lang: Annahme (4.5.1) verbietet allgemein, lange Laute eines Lautsystems dadurch zu beseitigen, daß man sie als Wiederholung kurzer Laute interpretiert.

Bemerkung 2. Eine Kombination von Lösung 3 und 2 bietet sich an für den Übergang von phonemischen zu phonetischen Wörtern: Einem phonemischen /apputs/' mit Lautwiederholung könnte ein phonetisches [ʔap**pʊts]' ohne Lautwiederholung entsprechen. Dagegen ist für *Lappen* phonemisch nur /lapen/' ohne Lautwiederholung zugelassen, und es besteht kein Grund für phonetisch [p**p]' statt [p]' oder [pʰ]'; somit ergibt sich phonetisch [lapən]'. Bei normalen Äußerungen von (phonetisch) *Abbau* und *Lappen* unterscheiden sich die Kernbereichsfolgen - und damit die Lautsegment-Folgen - an den relevanten Stellen durch zwei Segmente gegenüber einem. Aufgrund der Beziehungen zwischen [p*]' und [*p]' einerseits und [p]' andererseits bilden jedoch der [p*]'-Kern und der [*p]'-Kern zusammen einen Äußerungsabschnitt, der [p]' realisiert (evtl. bei Vernachlässigung von Unterschieden in der Segmentdauer); insofern treten in den Äußerungen der beiden Wörter an den relevanten Stellen keine auditiven Unterschiede auf.

Schwierigkeiten mit Annahme (4.1.1) entstehen nicht nur, wenn Verschlußlaut auf Verschlußlaut trifft, sondern auch bei der Verbindung eines Verschlußlautes mit gewissen anderen Konsonanten.

4.6 Verschlußlaut plus Nasal oder Liquida

Es sei K irgendein Plosiv und N irgendein Nasal oder eine Liquida, so daß die Verbindung KN in dem gegebenen Idiolektsystem existiert. Dann wird mindestens bei Homorganität von K und N und 'silbischem' N gelegentlich behauptet, bei einer Realisierung von KN würde der Verschluß der K-Artikulation erst während der N-Artikulation gelöst. Man müßte also damit rechnen, daß auch der K-Teil der Äußerung - der alle durch K festgelegten auditiven Eigenschaften hat - sich mit dem N-Teil überschneidet, im Widerspruch zu (4.1.4).

Wir glauben, daß hierbei bereits artikulatorisch eine Fehlanalyse vorliegt.

Es sei zunächst N ein Nasal. Als Beispiel wählen wir das phonetische Wort, das man üblicherweise als "[ha:bm̩]" notieren würde, dessen Lautfolge also [ha:bm]' wäre. Wir betrachten die artikulatorische Basis [ha:bm]. Bei einer Äußerung dieses Wortes wird bei der Artikulation des [bm]-Teils der Äußerung als erstes ein schwach ausgeführter Lippenverschluß gebildet, wobei die Stimmbänder gleichzeitig oder kurz darauf schwingen können; dabei wird der schon vorher gebildete *Nasenverschluß* zunächst beibehalten Anschließend wird der Nasenverschluß geöffnet, u.U. mit stoßartigem Austreten der Luft durch die Nase. Der *orale* Verschluß durch die Lippen bleibt während dieser Zeit und natürlich während der Artikulation des gesamten [m]-Teils der Äußerung *erhalten* - sonst könnte kein [m] realisiert werden. Die Artikulation des [b]-Teils der Äußerung ist mit der Öffnung des *nasalen* Verschlusses *beendet.* Der einzige Unterschied gegenüber anderen [b]-Artikulationen besteht darin, daß von den beiden in *allen* Fällen gebildeten Verschlüssen, dem oralen und dem nasalen, der nasale statt des oralen geöffnet wird.

Es ist daher unzutreffend, wenn eine Öffnung des [b]-Verschlusses während der [m]-Artikulation behauptet wird: Der nasale Verschluß wird *vor* und der orale erst mit dem Ende der [m]-Artikulation gelöst. Systematisch gesehen, hat die Öffnung des nasalen Verschlusses als Öffnung 'des' [b]-Verschlusses zu gelten, der eben in Wirklichkeit immer ein doppelt gebildeter, aber nur einfach gelöster ist.

Damit braucht man auch nicht mehr damit zu rechnen, daß sich die (auditiv bestimmten) [b]'- und [m]'-Teile der Äußerung überschneiden, was in der Tat im Widerspruch stünde zur auditiven Evidenz.

Die Argumentation anhand dieses Beispiels gilt sinngemäß für beliebige homorgane KN-Verbindungen mit silbischem Nasal N. Ist K = [t]' oder [d]' und ist N = [l]' und silbisch, so ist die Argumentation analog; dabei tritt die laterale Öffnung an die Stelle der nasalen.

Sind K und N wie eben und gehören sie zu derselben Silbe, ohne daß N silbisch wäre (den Silbenkern bildete), so haben wir in keinem Fall einen komplexen Laut vor uns, sondern allenfalls einen Lautkomplex, d.h. dieser Fall ist durch A in § 4.2 abgedeckt.

Allgemein ist die Annahme von Laut-Inkompatibilität auch in kritischen Fällen vertretbar, wenn es darum geht, in einer Äußerung die Kernsegmente verschiedener Laute derselben Lautfolge überschneidungsfrei zu bestimmen.

Hiermit schließen wir die Ergänzungen zur sprachtheoretischen Grundlage von LAUT ab und wenden uns den silbenbezogenen Segmentierungsverfahren zu. Da sie LAUT auf die eine oder andere Weise voraussetzen, können sie erst jetzt beschrieben werden.

5 SILB und V-SILB

5.1 Allgemeine Kennzeichnung von SILB

Die *Eingabedaten* für SILB sind dieselben wie bei LAUT, s.o. § 2.1. - Das *Zielobjekt* einer Anwendung auf ein Eingabedatum e ist ein E, für das gilt: E ist eine Silbensegment-Folge in e bezüglich F und G bei dem Produzenten P von e, wo F die Lautfolge und G die Silbenfolge des mit e geäußerten Wortes oder Satzes - in vorausgesetzten Idiolektsystemen S bei P - ist (zu "Silbenfolge" vgl. Lieb (i. ds. Bd.), (3.4)). - Das *Resultat* einer Anwendung von SILB auf e ist eine Folge E' von Abschnitten von e, für die es ein F' und ein G' der folgenden Art gibt: F' ist die bei einer bestimmten vorausgehenden Anwendung von LAUT auf e in Schritt [5] erhaltene Folge; G' ist die Folge von Teilen von F', die P' bei der Anwendung von SILB in Schritt [1] ansetzt; und E' verhält sich zu e, P', F' und G' so, wie sich das Zielobjekt E der Anwendung von SILB zu e, P, F und G verhält, wobei P, F und G wie oben bestimmt sind.

Die sprachtheoretischen Definitionen und Annahmen bei Lieb (i. ds. Bd.), bes. § 5, und die Charakterisierungen von LAUT in § 2 rechtfertigen für SILB Verfahrensschritte, deren Grundgedanke sich allgemein und informell folgendermaßen kennzeichnen läßt.

Vorausgesetzt wird eine Anwendung von LAUT. Diese führt zu einer Lautfolge, von welcher der Experimentator annimmt, sie sei die Lautfolge des geäußerten Wortes oder Satzes, sowie zu einer Folge von Äußerungsabschnitten, die zu dieser Lautfolge paßt (i. f. "Lautsegment-Folge").

Aufgrund der Lautfolge bestimmt der Experimentator eine Folge von Teilen der Lautfolge, welche als Silbenfolge des geäußerten Wortes oder Satzes in Frage kommt (falls die Lautfolge richtig bestimmt wurde). Die Aufgabe besteht darin, jeder 'Silbe' - jedem Glied der hypothetischen Silbenfolge - einen Teil der Äußerung als (hypothetisches) Silbensegment zuzuordnen.

Hierzu betrachtet der Experimentator die Lautsegment-Folge. Für eine gegebene Silbe in der Silbenfolge sucht er in der Lautsegment-Folge nach *dem* Teil, bei dem die einzelnen Glieder gerade den Lauten der Silbe entsprechen: Ein Silbensegment, das der Silbe zuzuordnen ist, entsteht durch 'geeignete Zusammenfassung' der Lautsegmente in dem Folgenteil.

"Geeignete Zusammenfassung" ist dabei so zu verstehen, daß der gewonnene Abschnitt tatsächlich als Silbensegment in Frage kommt; d.h. wir müssen gemäß den Überlegungen in Lieb (i. ds. Bd.), § 5, verfahren, die dort in (5.6) schließlich zur Definition von "Silbensegment-Folge" führten. Sie seien hier nochmals wiederholt, diesmal in verfahrensbezogener Form.

Zu dem gesuchten Silbensegment gehört jedes *nicht-erste* und jedes *nicht-letzte* Lautsegment im relevanten Teil der Lautsegment-Folge. Dies gilt in der Regel auch für das erste und das letzte Lautsegment; jedoch muß man hier zwei Sonderfällen Rechnung tragen.

Einmal kann sich die Silbe in der Silbenfolge mit der vorhergehenden oder der folgenden *überschneiden*: Der letzte Laut der vorhergehenden kann zugleich der erste Laut der gegebenen Silbe sein oder der letzte Laut dieser Silbe zugleich der erste Laut der nachfolgenden.

Zum anderen kann sich der erste oder letzte Laut der gegebenen Silbe in der Lautfolge des Wortes oder Satzes *wiederholen*, d.h. identisch sein mit dem Laut, der ihm oder dem er in der Lautfolge unmittelbar vorangeht. Wir sprechen hier von *Lautwiederholung an der Silbenperipherie*.

Haben wir es bei einer Silbe *weder* mit Silbenüberschneidung *noch* mit Lautwiederholung an der Peripherie zu tun, so kann man auch das erste und das letzte Lautsegment dem Silbensegment als 'Anfangsteil' bzw. 'Schlußteil' hinzurechnen.

Den Problemen der Lautwiederholung haben wir bereits bei LAUT Rechnung getragen (vgl. bes. § 2.5), und zwar unabhängig von Problemen der Silbensegment-Grenze. Deshalb können wir auch bei Lautwiederholung an der Silbenperipherie das erste und letzte Lautsegment, wie es sich bei Anwendung von LAUT ergibt, als 'Anfangsteil' bzw. 'Schlußteil' des Silbensegments betrachten.

Es verbleiben somit Fälle von Silbenüberschneidungen ohne Lautwiederholung (Überschneidung und Lautwiederholung schließen sich nicht aus). Sie bedürfen tatsächlich einer gesonderten Behandlung.

Wir stellen also gegenüber einerseits (i) Fehlen von Silbenüberschneidung oder (ii) Vorliegen von Lautwiederholung, andererseits Silbenüberschneidung ohne Lautwiederholung. Es ergeben sich dann für das erste und das letzte Lautsegment je zwei Fälle, die sich zueinander kontradiktorisch verhalten.

Erstes Lautsegment: Erster Fall. Die Silbe überschneidet sich nicht mit der unmittelbar vorangehenden, oder ihr erster Laut ist mit dem Laut identisch, der ihm in der Lautfolge des geäußerten Wortes oder Satzes unmittelbar vorausgeht oder folgt.

Dann gehört auch das erste Lautsegment als 'Anfangsteil' zum Silbensegment.

Erstes Lautsegment: Zweiter Fall. Die Silbe überschneidet sich mit der unmittelbar vorangehenden, und ihr erster Laut ist nicht mit dem Laut identisch, der ihm in der Lautfolge unmittelbar vorausgeht oder folgt (Negation des Ersten Falles).

Dann greifen wir auf die Unterscheidung von 'erstem' und 'zweitem Teil' eines Lautsegments zurück (Lieb (i. ds. Bd.), (5.2)): Nur der 'zweite Teil' des ersten Lautsegments gehört als 'Anfangsteil' zu dem Silbensegment.

Die Verhältnisse beim letzten Lautsegment sind analog:

Letztes Lautsegment: Erster Fall. Die Silbe überschneidet sich nicht mit der unmittelbar folgenden, oder ihr letzter Laut ist mit dem Laut identisch, der ihm in der Lautfolge des geäußerten Wortes oder Satzes unmittelbar vorausgeht oder folgt.

Dann gehört auch das letzte Lautsegment als 'Schlußteil' zum Silbensegment.

Letztes Lautsegment: Zweiter Fall. Die Silbe überschneidet sich mit der unmittelbar folgenden, und ihr letzter Laut ist nicht mit dem Laut identisch, der ihm in der Lautfolge unmittelbar vorausgeht oder folgt (Negation des Ersten Falles).

Dann gehört der 'erste Teil' des letzten Lautsegments als 'Schlußteil' zum Silbensegment.

Wir fassen zusammen: Es sei eine Silbe ohne Lautwiederholung an der Peripherie gegeben. Sie überschneide sich mit einer vorhergehenden oder folgenden Silbe. Dann muß der Experimentator für das Segment, das dem ersten bzw. dem letzten Laut der Silbe entspricht, feststellen, wo sein zweiter Teil anfängt bzw. sein erster Teil aufhört. Hierzu kann er sich grundsätzlich derselben Methode bedienen, mit der bei einer Anwendung von LAUT Segmentgrenzen ermittelt wurden.

Der als Silbensegment gesuchte Abschnitt von e besteht nun aus den als 'Anfangsteil' bzw. 'Schlußteil' jeweils ermittelten Abschnitten von e sowie aus dem ganzen zeitlich dazwischenliegenden e-Abschnitt. Falls wir nämlich e als eine *normale* Äußerung voraussetzen, besteht der Zwischenteil gerade aus solchen e-Abschnitten, die bei dem gesuchten Silbensegment als 'Mittelteile' in Frage kommen; also e-Abschnitte, die zeitlich zwischen 'Anfangsteil' und 'Schlußteil' liegen und die entweder durch die angenommene Lautfolge bedingt sind oder die Lautsegmente sind, für die gilt: Sie liegen in der Lautsegment-Folge zwischen den Segmenten, die den ermittelten 'Anfangsteil' bzw. 'Schlußteil' enthalten. (Vgl. hierzu Lieb (i. ds. Bd.), (4.6).)

Mit dieser informellen Darstellung mögen die SILB-Verfahrensschritte bereits ausreichend gekennzeichnet sein. Zum besseren Verständnis geben wir trotzdem eine genauere Formulierung, entsprechend der Kennzeichnung von LAUT in den §§ 2.2 bis 2.5. Auf eine terminologische Diskrepanz sei dabei gleich hingewiesen: Mit den Ausdrücken "Anfangsteil" und "Schlußteil" haben wir uns oben an den entsprechenden sprachtheoretischen Begriffen (Lieb (i. ds. Bd.), (5.5)) orientiert. Bei der Darstellung der SILB-Verfahrensschritte in den §§ 5.4f gebrauchen wir "Anfang" und "Ende" in einem anderen Sinne: in erster Annäherung für den 'Anfangsabschnitt' bzw. den 'Endabschnitt' der e-Abschnitte, die als 'Anfangsteil' bzw. 'Schlußteil' eines gesuchten Silbensegments ermittelt werden.

5.2 Verfahrensvoraussetzungen

[0.1] bis [0.3] = [0.1] bis [0.3] bei LAUT, s.o. § 2.2.

[0.4] Es sei S ein System, das von P' gemäß [0.2] postuliert wird. Ist L ein 'gelenkfähiger' Laut von S (der also in Wörtern oder Sätzen von S zu zwei aufeinanderfolgenden Silben gleichzeitig gehören kann) und ist e_1 ein Teil von e, der bei P' L realisiert, so gilt: P' besitzt die Fähigkeit, eine visuelle Amplitudendarstellung von e_1 daraufhin hypothetisch zu beurteilen, wie weit sie dem 'ersten' bzw. dem 'zweiten Teil' von e_1 bei L und P' entspricht (vgl. Lieb (i. ds. Bd.), § 5.1).

[0.5] E (eine bestimmte Folge von Abschnitten von e) ist das Resultat einer Anwendung von LAUT mittels P', M und R auf e; und F (eine bestimmte Folge von Lauten) ist die Folge, die sich bei Schritt [5] dieser Anwendung ergeben hat. (Man beachte, daß wir hier die Variablen "E" und "F" - und später "G" - in anderem Zusammenhang verwenden als in § 5.1 bei der Gegenüberstellung der Zielobjekte und Resultate von SILB.) P' nimmt also an, daß F die Lautfolge des mit e von P geäußerten Wortes oder Satzes ist (eines Wortes oder Satzes, die zu den Idiolektsystemen S bei P gehören, die P' in Schritt [2] der Anwendung von LAUT angenommen hat).

[0.6] P' besitzt die Fähigkeit, aufgrund der Lautfolge eines Wortes oder Satzes, die bei P zu S - s. [0.5] - gehören, die Silbenfolge hypothetisch anzugeben. (Vgl. Lieb (i. ds. Bd.), § 3.2, zu Silbenfolgen. Wir machen hier die *sprachtheoretische Zusatzannahme* - möglicherweise eine Vereinfachung -, daß der Lautfolge eines (silbischen) Wortes oder Satzes genau eine Silbenfolge entspricht, daß also Unterschiede in der Silbenbildung nur die innere Struktur der Silben betreffen können - etwa die Zuweisung von Lauten zum Nukleus -, nicht aber die Abgrenzung der Silben in der Lautfolge. Bei Verzicht auf diese Annahme müßten später die Verfahrensschritte unwesentlich geändert werden.)

Wegen Voraussetzung [0.5] stehen ein Plot von e sowie eine digitale Abspeicherung von e zur Verfügung; ferner sind die Grenzen der Glieder von E und ihrer Kerne auf dem Plot markiert und u.U. auch die Glieder selber in Form von Transformaten digital gespeichert.

Die Anwendung von SILB erfolgt nun in zwei großen Schritten.

5.3 Bestimmung der Silbenfolge

[1] P' sucht eine Menge G von Teilen von F, welche aufgrund von F als Silbenfolge des von P mit e geäußerten Wortes oder Satzes in Frage kommt.

- P' findet nicht genau ein derartiges G (also keins oder mehrere). Dann nimmt P' an, daß F nicht die Lautfolge des geäußerten Wortes oder Satzes ist; wendet LAUT neu auf e an (die Neuanwendung unterscheidet sich von der früheren eventuell nur teilweise); und beginnt wieder mit [1], indem er bei [0.5] die neugewonnenen Folgen E und F voraussetzt.
- P' findet genau ein derartiges G. Dann geht P' über zu [2].

Aus den Verfahrensvoraussetzungen bei LAUT - vgl. insbesondere [0.2] in § 2.2 - sowie aus den Voraussetzungen für SILB - vgl. insbesondere [0.6] in § 5.2 - dürfte sich ergeben, daß Schritt [1] schließlich zu einem positiven Ergebnis führen muß.

Bemerkung. Das mit [1] ermittelte G - i.f. einfach "G" - 'kommt aufgrund von F als Silbenfolge des geäußerten Wortes oder Satzes in Frage'. G muß also wenigstens vom selben Typ sein wie die Silbenfolge. Nach der Definition von "Silbenfolge" (Lieb (i. ds. Bd.), (3.4) sowie (3.1a)) ist G daher eine Menge von Teilmengen von F. Nach [0.1] in § 5.2 bzw. § 2.2 wird mit e ein silbisches Wort oder ein Satz geäußert. Es folgt dann aus Lieb (i. ds. Bd.), (3.4) und (3.5), daß G nicht-leer und eine Folge ist.

Die Glieder der Folge G sind Teilmengen von F. Dabei ist jedes Glied von G selber eine 'Quasifolge' von Lauten, also

eine nicht-leere Menge $\{(n_1,L_{n_1}),\ldots,(n_j,L_{n_j})\}$, wo $n_1,\ldots,n_j$ j aufeinanderfolgende positive ganze Zahlen sind ($j > 0$) und $L_{n_1},\ldots,L_{n_j}$ k verschiedene Laute ($1 \leq k \leq j$).
Die Glieder von G sind die Silben des mit e geäußerten Wortes oder Satzes, falls G dessen Silbenfolge ist.

5.4 Bestimmung des Segmentanfangs

[2] *Der Anfang des* F_i*-Teils von* e

[2.0] Es sei $F_i = \{(n_1,L_{n_1}),\ldots,(n_j,L_{n_j})\}$ das i-te Glied von G, $i = 1,\ldots,$ die Länge von G. Wegen [0.5] und [1] gibt es genau eine Teilmenge E_i von E mit $E_i = \{(n_1,e_{n_1}),\ldots,(n_j,e_{n_j})\}$, so daß jedes e_{n_k} bei P' alle oder die meisten Eigenschaften hat, die L_{n_k} festlegt (für $1 \leq k \leq j$).

[2.1] P' sucht mittels des Plots oder der digitalen Speicherung von E-Gliedern den Anfang von e_{n_1} auf (dieser ist wegen [0.5] bereits gegeben) und geht weiter zu [2.2] oder [2.3], je nachdem, welche Bedingungen erfüllt sind.

[2.2] *Erster Fall:* α) oder β) oder γ). (Vgl. § 5.1)

α. Es ist nicht der Fall, daß $1 < i$ und $(n_1,L_{n_1}) \in F_{i-1}$, d.h. (n_1,L_{n_1}) gehört nicht auch zu dem Glied von G (der 'Silbe'), das F_i in G unmittelbar vorausgeht.

β. $1 < n_1$ und $L_{n_1} = L_{n_1-1}$, d.h. L_{n_1} ist gleich dem Laut, der in F unmittelbar vorausgeht (L_{n_1-1}).

γ. $n_1 <$ die Länge von F und $L_{n_1} = L_{n_1+1}$, d.h. L_{n_1} ist gleich dem Laut, der auf L_{n_1} in F unmittelbar folgt.

P' markiert (auf dem Plot von e und ggfs. digital) den Anfang von e_{n_1} als den Anfang des F_i-Teils von e und geht weiter zu [3].

[2.3] *Zweiter Fall* (vgl. § 5.1)

$1 < i$ und $(n_1, L_{n_1}) \in F_{i-1}$ und weder (β) noch (γ) in [2.2], d.h. (n_1,L_{n_1}) gehört auch zu dem Glied von G (der 'Silbe'), das F_i in G unmittelbar vorausgeht, und weder ist L_{n_1} gleich dem Laut, der L_{n_1} in F unmittelbar vorausgeht, noch gleich dem Laut, der auf L_{n_1} in F unmittelbar folgt; es liegt bezüglich L_{n_1} keine Lautwiederholung vor. (Verneinung des Ersten Falles)

Dann wird *der Anfang des* F_i*-Teils von* e folgendermaßen bestimmt.

[2.3.1] P' wählt auf dem Plot von e einen größten Abschnitt von e_{n_1}, für den gilt:

(i) Der Plot-Abschnitt beginnt mit einem Abschnitt, der dem Anfang von e_{n_1} entspricht.

(ii) P' darf erwarten: Der Plot-Abschnitt entspricht einem Abschnitt von e_{n_1}, bei dem kein Teil für P' alle 'inneren Grenzeigenschaften' für L_{n_1} hat (vgl. Lieb (i. ds. Bd.), § 5.1).

[Alternativ kann P' von einer Bildschirmdarstellung von e_{n_1} aufgrund einer digitalen Abspeicherung ausgehen, falls eine solche zur Verfügung steht; vgl. § 2.3 , [4.6] am Schluß, sowie § 2.3, [4.1], Bemerkung.]

[2.3.2] P' erzeugt eine dem Plotabschnitt entsprechende Bildschirmdarstellung.

[2.3.3] P' erzeugt ein der Bildschirmdarstellung entsprechendes akustisches Signal.

[2.3.4] P' stellt fest, ob kein Abschnitt des Signals für P' alle 'inneren Grenzeigenschaften' für L_{n_1} hat.

- Wenn ja, geht P' über zu [2.3.5].
- Wenn nein, wiederholt P' - ausgehend von dem Plot-Abschnitt - die Schritte [2.3.1] bis [2.3.3], bis die Antwort positiv ist (aus sprachtheoretischen Gründen muß unter den Verfahrensvoraussetzungen eine positive Antwort existieren). P' geht über zu [2.3.5].

[2.3.5] Ausgehend von einer Plotmarkierung bzw. einer digitalen Abspeicherung des bei [2.3.4] zuletzt beurteilten Signals, erweitert P' die Bildschirmdarstellung des Signals nach rechts um einen Teil - i.f. "Bildschirmerweiterung" genannt -, dem ein auditiv minimaler Abschnitt von e_{n_1} entspricht (auditiv minimal für P' bezüglich der Menge der 'inneren Grenzeigenschaften' für L_{n_1}, s.o. § 3.1, (3.1.2), zu "auditiv minimal", und Lieb (i. ds. Bd.), § 5.1, zu 'inneren Grenzeigenschaften') und wiederholt die Schritte [2.3.3] und [2.3.4] für die neue Bildschirmdarstellung.

- Die Antwort bei der Wiederholung von [2.3.4] sei negativ, d.h. P' stellt fest, daß ein Abschnitt des neuen Signals für P' alle 'inneren Grenzeigenschaften' für L_{n_1} hat. Dies muß offensichtlich der Signalabschnitt sein, welcher der Bildschirmerweiterung entspricht; dieser ist eine Kopie eines e_{n_1}-Abschnitts, der n.V. auditiv minimal ist im Hinblick auf die Menge der 'inneren Grenzeigenschaften' für L_{n_1}. Damit hat auch der kopierte e_{n_1}-Abschnitt für P' alle 'inneren Grenzeigenschaften' für L_{n_1}. - P' geht weiter zu [2.3.6].
- Die Antwort sei positiv, d.h. P' stellt fest, daß kein Abschnitt des neuen Signals für P' alle 'inneren Grenzeigenschaften' für L_{n_1} hat. Dann wiederholt P' den Schritt so lange, bis die Antwort negativ ist (aus sprachtheoretischen Gründen muß es unter den Verfahrensvoraussetzungen eine negative Antwort geben). - P' geht weiter zu [2.3.6].

[2.3.6] *Der Anfang des* F_i*-Teils von* e ist der Abschnitt von e_{n_1}, welcher der Bildschirmerweiterung im letzten Durchgang von [2.3.5] entspricht.

P' markiert den Anfang des F_i-Teils von e auf dem Plot und ggfs. digital und geht weiter zu [3].

5.5 Bestimmung des Segmentendes

[3] *Das Ende des* F_i*-Teils von* e

[3.1] [Vgl. hierzu [2.0].] P' sucht mittels des Plots oder der digitalen Speicherung von E-Gliedern das Ende von e_{n_j} auf und geht weiter zu [3.2] oder [3.3], je nachdem, welche Bedingungen erfüllt sind.

[3.2] *Erster Fall:* α) oder β) oder γ). (Vgl. § 5.1)

α. Es ist nicht der Fall, daß i < die Länge von G und $(n_j, L_{n_j}) \in F_{i+1}$, d.h. (n_j, L_{n_j}) gehört nicht auch zu dem Glied von G (der 'Silbe'), das auf F_i in G unmittelbar folgt.

β. $1 < n_j$ und $L_{n_j} = L_{n_j - 1}$, d.h. L_{n_j} ist gleich dem Laut, der L_{n_j} in F unmittelbar vorausgeht.

γ. $n_j <$ die Länge von F und $L_{n_j} = L_{n_j + 1}$, d.h. L_{n_j} ist gleich dem Laut, der auf L_{n_j} in F unmittelbar folgt.

Dann ist *das Ende des* F_i*-Teils von* e das Ende von e_{n_j}.

P' markiert das Ende von e_{n_j} als das Ende des F_i-Teils von e und geht weiter zu [4].

[3.3] *Zweiter Fall* (vgl. § 5.1)

i < die Länge von G und $(n_j, L_{n_j}) \in F_{i+1}$ und weder (β) noch (γ) in [3.2], d.h. (n_j, L_{n_j}) gehört auch zu dem Glied von G (der 'Silbe'), das auf F_i in G unmittelbar folgt, und weder ist L_{n_j} gleich dem Laut, der L_{n_j} in F unmittelbar vorausgeht, noch gleich dem Laut, der auf L_{n_j} in F unmittelbar folgt. (Verneinung des Ersten Falles)

Das Ende des F_i*-Teils von* e ist der späteste Abschnitt von e_{n_j}, für den gilt: Er ist auditiv minimal bezüglich der Menge der 'inneren Grenzeigenschaften' für L_{n_j} und früher als der - nach [2.3] bestimmte - Anfang des F_{i+1}-Teils von e.

P' bestimmt den Anfang des F_{i+1}-Teils sowie - in offenkundiger Weise - den spätesten kürzesten Abschnitt von e_{n_j}, der früher ist als der Anfang des F_{i+1}-Teils und der bei P' die Menge der inneren Grenzfunktionen für L_{n_j} realisieren *könnte* (vgl. (3.1.2) in § 3.1).

P' kennzeichnet das Ende des F_i-Teils von e auf dem Plot und ggfs. digital und geht weiter zu [4].

[4] Der F_i-Teil von e ist der kleinste Teil e' von e, für den gilt: Jeder Abschnitt von e, der nicht früher ist als der Anfang des F_i-Teils von e und nicht später als das Ende des F_i-Teils von e, ist ein Abschnitt von e'.

Ausgehend von den Markierungen für Anfang und Ende, kennzeichnet P' den F_i-Teil von e auf dem Plot und speichert ihn ggfs. ab.

Ist i < die Länge von G, so geht P' über zu:

[5] P' wiederholt [2] mit F_{i+1} und E_{i+1} in [2.0].

5.6 Erläuterungen. V-SILB

Bemerkung 1. Zwei kritische Fälle für die Bestimmung von Silbensegment-Grenzen wurden in § 5.1 unterschieden und in den §§ 5.3 bis 5.5 berücksichtigt: Silbenüberschneidung und Lautwiederholung an der Silbenperipherie (zu den Begriffen vgl. Lieb (i. ds. Bd.), § 5.3). Die Unterscheidung und ihre Anwendung sollen an einem komplexen Beispiel nochmals verdeutlicht werden.

Man betrachte die Lautfolge(hier ohne ' notiert, vgl. § 4.3)

(5.6.1) F = [kʰɔmmmɪt]
= {(1, [kʰ]), (2, [ɔ]), (3, [m]), (4, [m]), (5, [m]),
(6, [ɪ]), (7, [t])}

und die Silbenfolge

(5.6.2) G = [kʰɔm] [mm] [mɪt],

wo

(5.6.3) [kʰɔm] = {(1, [kʰ]), (2, [ɔ]), (3, [m])},
[mm] = {(3, [m]), (4, [m])},
[mɪt] = {(5, [m]), (6, [ɪ]), (7, [t])}.

Die zweite Silbe 'überschneidet sich vorn' in G, und dies ist der einzige Fall von Überschneidung.

Es wiederholt sich in F: [m] an der Stelle 3 (wegen (4, [m])); [m] an der Stelle 4 (wegen (3, [m]) und (5, [m])); und [m] an der Stelle 5 (wegen (4, [m])).

Am Anfang der zweiten Silbe treten also Silbenüberschneidung und Lautwiederholung gleichzeitig auf. (Silbenüberschneidung ohne Lautwiederholung liegt etwa vor bei [kʰɔmən], mit den Silben [kʰɔm] und [mən], wo (3, [m]) zu beiden Silben gehört.)

Bei der Silbensegment-Bestimmung in einer Äußerung von F würden überall die Bedingungen für den Ersten Fall, also für

[2.2] bzw. [3.2], erfüllt sein: Die Anwendung von LAUT führt zu drei [m]-Segmenten, und das Ende des ersten Silbensegments sowie Anfang und Ende des zweiten und der Anfang des dritten fallen mit dem Ende bzw. Anfang des jeweiligen [m]-Segments zusammen. Die Bedingungen für den Zweiten Fall [2.3] sind trotz der Überschneidung am Anfang der zweiten Silbe nicht erfüllt: Auch der Anfang des zweiten Silbensegments liegt nach der Anwendung von LAUT bereits fest.

Lautwiederholung hat sozusagen Vorrang vor Silbenüberschneidung. Die Abgrenzung von Silbensegmenten bei Lautwiederholung erfolgt dann allgemein durch Rückgriff auf eine Menge von 'systemrelevanten Eigenschaften' (die nicht durch den Laut 'festgelegt' sind; vgl. § 2.5 und Lieb (i. ds. Bd.), § 4.1); bei Silbenüberschneidungen greift man dagegen auf die Menge der 'inneren Grenzeigenschaften' zurück (§§ 5.3f und Lieb (i. ds. Bd.), § 5.1).

Bemerkung 2. Man muß sorgfältig unterscheiden zwischen Überschneidung bei *Silben* und Überschneidung bei Silben*segmenten;* im zweiten Fall ist bei dem einen Silbensegment das Ende später als der Anfang des nächsten Silbensegments (vgl. hierzu die Abb. in Bemerkung 3 von § 3.1). Überschneidung von Silbensegmenten ist nur dann möglich, wenn sich die entsprechenden Silben *nicht* überschneiden; andernfalls müßte es nämlich ein Lautsegment geben, *in* dem das erste Silbensegment endet und das zweite - übergangslos - beginnt. Ebenso schließt Lautwiederholung an der Silbenperipherie Überschneidung von Silbensegmenten aus; vgl. hierzu § 2.5.

Bemerkung 3. Der F_i-Teil von e soll als i-tes Silbensegment einer Silbensegment-Folge in e bezüglich des Produzenten P von e in Frage kommen. In Schritt [4] wird einfach alles von e, was zwischen dem Anfang und dem Ende des F_i-Teils liegt, mit diesem zusammengefaßt. Nach der Bestimmung von "Silbensegment-Folge" in Lieb (i. ds. Bd.), (5.6), könnte hiermit an sich zu viel erfaßt sein, nämlich mehr als der 'Anfangsteil', der 'Schlußteil' und die 'Mittelteile' des gesuchten Silbensegments. Dies wird in unserem Fall jedoch ausgeschlossen durch die Verfahrensvoraussetzung [0.1]: e ist eine *normale* Äußerung des geäußerten Wortes oder Satzes. Damit gilt die 'Hauptannahme 1 zu normalen Äußerungen' bei Lieb (i. ds. Bd.), (4.6), nach der e als ganzes der Lautfolge des Wortes oder Satzes 'entspricht' im Sinne von Lieb (i. ds. Bd.), (4.5).

Bemerkung 4. Wie bei LAUT ist es sinnvoll, einen Begriff der beschränkten Anwendung auch bei SILB einzuführen: Eine *auf* G' *beschränkte Anwendung von SILB auf* e *durch* P', M *und* R ist eine Handlungsfolge, für die gilt: (i) e, P', M und R genügen den Verfahrensvoraussetzungen für SILB; (ii) G' ist eine nicht-leere Teilmenge der in Schritt [1] angesetzten Folge G; (iii) Die nachfolgenden Schritte werden nur auf die Elemente von G' angewandt. *Vollständige* und *unvollständige* Anwendungen werden dann wie in § 3.3 bestimmt.

Bemerkung 5. Nach § 5.2 gehört zu den Verfahrensvoraussetzungen von SILB, daß eine vollständige Anwendung von LAUT bereits erfolgt ist. Eine solche Anwendung ist recht aufwendig. Kann man SILB von LAUT unabhängig machen?

Angenommen, P' formuliert die Hypothese, eine bestimmte Folge F von Lauten sei die Lautfolge des von P mit e geäußerten Wortes oder Satzes. Gilt dann [0.6], so kann P' als nächstes die Folge G bestimmen, die als entsprechende Silbenfolge in Frage kommt.

Bei der Bestimmung der 'Silbensegmente' betrachtet P' wiederum $F_i = \{(n_1,L_{n_1}),\ldots, (n_j,L_{n_j})\}$. Anders als vorher verfügt P' über keine zu F passende Folge E von Segmenten von e. Um jedoch Anfang und Ende des F_i-Teils von e wie in [2] und [3] zu bestimmen - also des Segments, das der 'Silbe' F_i entspricht -, benötigt man nur die zu (n_1,L_{n_1}) und (n_j,L_{n_j}) gehörigen Lautsegmente.

Es genügt also bei F_i, wenn P' eine auf $\{(n_1,L_{n_1}), (n_j,L_{n_j})\}$ beschränkte Anwendung von LAUT auf e (vgl. § 3.3) vornimmt und anschließend für F_i wie in [2] bis [5] bei SILB verfährt; dadurch werden Anfang und Ende des F_i-Teils von e genau wie zuvor bestimmt.

Damit ist auch der F_i-Teil von e wie vorher gegeben, ohne daß man eine vollständige Anwendung von LAUT voraussetzen muß.

Das hiermit skizzierte Verfahren möge V-SILB ('vereinfachtes SILB') genannt werden.

Auch für V-SILB lassen sich Begriffe der *beschränkten*, *vollständigen* und *unvollständigen Anwendung* einführen, in Analogie zu den entsprechenden Begriffen bei SILB (s.o. Bemerkung 3).

Auf einem Silbensegment können immer noch Tonhöhenbewegungen stattfinden. Wir benötigen deshalb zusätzlich Segmentierungsverfahren, die uns 'tonhöhenkonstante' Abschnitte von Silbensegmenten liefern.

6 ABS und M-ABS

6.1 Allgemeine Kennzeichnung von ABS. Quasistückelung und Tonhöhenkonstanz

Die *Eingabedaten* für ABS bezüglich des Experimentators P' sind beliebige echte oder unechte Abschnitte e von Sprechschallereignissen, so daß gilt: e ist (akustisch) wenigstens teilweise periodisch, und e ist *tonhöhenfähig* bei P' im Sinne von Lieb (i. ds. Bd.), (2.3), d.h. für beliebige Personen P und Schallereignisse e gilt:

(6.1.1) *Definition.* e ist *tonhöhenfähig* bei P g.d.w.g.: e ist Glied der Relation Klingt-für-P-höher-als.

Bemerkung zu (6.1.1). Von der Relation Klingt-für-P-höher-als wird bei Lieb (i. ds. Bd.), § 2.2, verlangt, daß sie asymmetrisch ist. Sie ist damit auch irreflexiv, d.h. kein e klingt für P höher als e. Damit sind als tonhöhenfähig bei P alle e ausgeschlossen, die keinen 'Einzeltoncharakter' haben, d.h. die von e als das Zusammenklingen mehrerer Töne, etwa als Akkorde, gehört werden.

Wir machen die folgende sprachtheoretische Annahme:

(6.1.2) *Annahme.* Ist e tonhöhenfähig bei P, so ist e nicht momentan und hat einen frühesten momentanen Abschnitt.

Um das *Zielobjekt* und das *Resultat* einer Anwendung von ABS zu kennzeichnen, benötigen wir zwei weitere Begriffe, die - wie schon (6.1.1) und (6.1.2) - strenggenommen zum sprachtheoretischen Hintergrund von BEVATON gehören und deshalb auch in Lieb (i. ds. Bd.) hätten eingeführt werden können (i.f. ist e ein *beliebiges* Schallereignis, P eine *beliebige* Person und E eine beliebige Folge von Schallereignissen):

(6.1.3) *Definition.* e ist *tonhöhenkonstant* bei P g.d.w.g.:

a. e ist tonhöhenfähig bei P;

b. kein Abschnitt von e klingt für P höher als ein anderer Abschnitt von e.

Wenn 'auf e eine Tonhöhenänderung nicht gehört wird', ist e jedenfalls tonhöhenkonstant. Man beachte jedoch, daß Tonhöhenkonstanz auch den folgenden Fall abdeckt: Eine Tonhöhenänderung auf e wird zwar gehört, aber e ist nicht in Abschnitte zerlegbar, von denen für P einer höher als ein anderer klingt oder die bei P überhaupt tonhöhenfähig sind. Dieser scheinbar paradoxe Fall kann insbesondere bei einem sehr kurzen e eintreten, bei dem die *Richtung* einer gehörten Tonhöhenänderung auditiv nicht mehr feststellbar ist (vgl hierzu unten, *Anhang*, B, Zu 7).

(6.1.4) *Definition.* E ist eine *Quasistückelung* von e bei P genau dann, wenn E, e und P dieselben Bedingungen wie für eine Stückelung im Sinne von (2.14b) in Lieb (i. ds. Bd.) erfüllen, mit den folgenden Änderungen:

a. "tonhöhenfähig" in (ii) von (2.14b) wird durch "tonhöhenkonstant" ersetzt;

b. "$\leq$" in Bedingung (vi) von (2.14b) wird durch "$\geq$" ersetzt.

Intuitiv ist eine *Stückelung* von e bei P eine nach der Früher-Relation geordnete, wiederholungsfreie Folge *kleinster* bei P tonhöhen*fähiger* Abschnitte von e, von denen jeder einen frühesten momentanen Abschnitt hat; jeder momentane Abschnitt eines tonhöhenfähigen Abschnitts von e ist Abschnitt eines Gliedes der Folge.

Eine *Quasistückelung* ist eine ebensolche Folge *größter* bei P tonhöhen*konstanter* Abschnitte.

Zielobjekte und Resultate von ABS-Anwendungen lassen sich nun kennzeichnen: Das *Zielobjekt* einer Anwendung von ABS auf e ist eine Quasistückelung von e bei dem Produzenten P von e; das *Resultat* ist eine Quasistückelung von e bei dem Experimentator P', von welcher der Experimentator glaubt, sie sei eine Quasistückelung bei P.

Die Verfahrensschritte lassen sich in allgemeiner Form folgendermaßen kennzeichnen. Der gewählte tonhöhenfähige Abschnitt wird anhand einer akustischen Kopie daraufhin beurteilt, ob er tonhöhenkonstant ist. Wenn ja, wird dies notiert. Wenn nein, wird er 'von rechts' um einen auditiv minimalen Betrag verkleinert; der neue Abschnitt wird wiederum beurteilt. Dies wird so lange wiederholt, bis die Antwort positiv ist. Anschließend wird mit dem Restabschnitt entsprechend verfahren. Das ganze wird so lange wiederholt, bis der Ausgangsabschnitt erschöpft ist.

6.2 Verfahrensvoraussetzungen und -schritte

[0] VERFAHRENSVORAUSSETZUNGEN

[0.1] e ist ein Eingabedatum für ABS bezüglich P'.

[0.2] P' kann Eingabedaten für ABS auf Tonhöhenänderungen beurteilen.

[0.3] P' kann visuelle Amplitudendarstellungen von Abschnitten von Eingabedaten auf Periodizität hin beurteilen.

[0.4] P' hat mittels (M,P',R) ein Plot von e hergestellt.

[0.5] P' hat e digital abgespeichert.

[1] bis [6] VERFAHRENSSCHRITTE

[1] P' erzeugt eine akustische Kopie von e und beurteilt sie daraufhin, ob P' auf ihr eine Tonhöhenänderung hört.
- Wenn nein, notiert P' dies. (Ende)
- Wenn ja, geht P' über zu

[2] P' erzeugt eine Bildschirmdarstellung von e und 'verkürzt' sie (etwa durch Cursorsetzung , s.u. § 9.4) von rechts her wie folgt: P' sucht nach links den nächstgelegenen Teil der Bildschirmdarstellung auf, der einem periodischen Teil e_1 von e entspricht (ein solcher Teil muß nach Voraussetzung [0.1] existieren; er kann natürlich bis zum Schluß von e reichen). P' verkürzt die Darstellung um den Betrag, für den gilt: Er entspricht dem Abschnitt von e, der mit der letzten Periode von e_1 beginnt und bis zum Ende von e reicht. (Es wird also bei e die letzte Periode von e_1 und der ganze folgende Teil - sofern vorhanden - vernachlässigt.)

Diesem Schritt liegt die Annahme zugrunde, daß sich ein Abschnitt eines (teilweise periodischen) Sprechschallereignisses von diesem im Hinblick auf gehörte Tonhöhenänderung nur dann unterscheidet, wenn zwischen dem Abschnitt und dem Ereignis 'ein Unterschied von wenigstens einer Periode' besteht.

Es sei e_2 der größte Abschnitt von e, der die letzte Periode von e_1 und alles Folgende *nicht* enthält.

[3] P' erzeugt eine akustische Kopie von e_2 und beurteilt sie auditiv daraufhin, ob P' auf ihr eine Tonhöhenänderung hört.
- Wenn nein, geht P' über zu [5].
- Wenn ja, geht P' über zu

[4] P' wiederholt Schritte [2] und [3], bis P' ein Signal erhält, für das gilt: Die Antwort bei [3] ist negativ, oder durch die weitere Anwendung von [2] und [3] stellt sich heraus, daß das Signal einem Abschnitt von e entspricht, der tonhöhenkonstant im Sinne von (6.1.3) ist (vgl. die Bemerkungen zu (6.1.3)).- P' geht über zu

[5] P' notiert in geeigneter Form - insbesondere auf dem Plot - das Ende des Abschnitts von e (also seinen spätesten im Hinblick auf Tonhöhenkonstanz auditiv minimalen Teil), der dem Signal in [4] entspricht.

[6] P' wiederholt Schritte [1] bis [5] so lange wie möglich (u. U nullmal), ausgehend von dem größten Abschnitt von e, der später ist als das in [5] notierte Abschnittsende. (Ende)

Unter den Verfahrensvoraussetzungen wird e durch die Verfahrensschritte offensichtlich restlos erfaßt. Entscheidend hierfür ist die Explikation von "tonhöhenkonstant" in (6.1.3): Wird keine Tonhöhenänderung gehört, so liegt Tonhöhenkonstanz vor, das Umgekehrte braucht jedoch nicht zu gelten.

6.3 M-ABS: Kennzeichnung und Verfahrensvoraussetzungen

Im Rahmen von BEVATON werden faktisch nur Silbensegmente als Eingabedaten für ABS benutzt: ABS soll die Abschnitte eines Silbensegments liefern, die für Tonhöhenänderungen innerhalb eines Silbensegments relevant sind. Man kann nun argumentieren, daß man hierfür von der Realisierung des Silbennukleus und damit von einem Lautsegment innerhalb eines Silbensegments ausgehen sollte (sprachtheoretisch vgl. hierzu Lieb (i. ds. Bd.), § 5.4)): Tonhöhenänderungen, so ließe sich argumentieren, finden zunächst auf der Realisierung des Nukleus statt. Verallgemeinernd könnte man die Auffassung vertreten, daß Tonhöhenänderungen innerhalb eines Silbensegments entweder nur auf tonhöhenfähigen Lautsegmenten auftreten oder jedenfalls erfaßbar sind, indem man nacheinander die tonhöhenfähigen Lautsegmente des Silbensegments auf Tonhöhenänderungen hin beurteilt.

Bei der Entwicklung von BEVATON wurde zunächst ein Verfahren erarbeitet und bislang auch angewandt, dem diese sprachtheoretischen Voraussetzungen zugrunde liegen; es möge *modifiziertes ABS* oder *M-ABS* genannt werden. Das Verfahren soll hier hauptsächlich deshalb genau dargestellt werden, weil es bei Richter (i. ds. Bd.) vorausgesetzt wird; die Arbeit von Richter dürfte allerdings auch ohne das Folgende verständlich sein.

Die *Eingabedaten* von M-ABS sind wie bei ABS Abschnitte e_1 von Sprechschall-Ereignissen e, Abschnitte, die wenigstens teilweise periodisch und bei P' tonhöhenfähig sind. Jedoch ist der Begriff des Eingabedatums nicht nur auf P' zu relativieren, sondern zweckmäßigerweise auch auf das Sprechschallereignis e und eine Anwendung von SILB oder V-SILB auf e: Eingabedaten sind solche bei P' tonhöhenfähigen, wenigstens teilweise periodischen Abschnitte von e, die sich aufgrund der Anwendung von SILB oder V-SILB ergeben.

Die *Zielobjekte* und *Resultate* dürften deutlich werden, wenn man die Verfahrensschritte betrachtet. Die Verfahrensschritte bei M-ABS lassen sich in Form eines Algorithmus angeben, der von Brigitte Richter (Berlin (West)) stammt und i.f. in der Formulierungsweise unserer Arbeit dargestellt wird. Wir geben zunächst die Verfahrensvoraussetzungen an.

[0] VERFAHRENSVORAUSSETZUNGEN

[0.1] Entweder [0.1.1] die Verfahrensvoraussetzungen für SILB sind erfüllt (für e und P', M, R) und P' hat SILB auf e mittels M und R angewandt; oder [0.1.2] die Verfahrensvoraussetzungen für V-SILB sind erfüllt (s.o. § 5.6, Bemerkung 5) und P' hat V-SILB auf e mittels M und R angewandt.

[0.2] P' kann Schallereignisse, die bei P' tonhöhenfähig sind, im Hinblick auf Tonhöhenänderung beurteilen.

[0.3] P' kann visuelle Amplitudendarstellungen von tonhöhenfähigen Schallereignissen auf Periodizität hin beurteilen.

[0.4] Es sei das Resultat der Anwendung von SILB bzw. V-SILB auf e gegeben, also eine bestimmte Folge (Menge von Paaren). Die folgende Menge ist nicht-leer: die Menge der Elemente (k,e') der Folge, bei denen e' tonhöhenfähig bei P' und wenigstens teilweise periodisch ist. Es sei E = $\{(1,e_1),\ldots,(n,e_n)\}$ die Folge, die aus der Menge von Paaren (k,e') entsteht, indem man das kleinste k durch 1 ersetzt usw.

[0.5] B = die Funktion, deren Argumente die bei P' tonhöhenfähigen, wenigstens teilweise periodischen Abschnitte von e sind, so daß für jedes Argument e' von B, B(e') = 1, wenn P' auf e' eine Tonhöhenänderung wahrnimmt, und B(e') = 0 sonst.

Die Voraussetzungen [0.4] und [0.5] sind oder enthalten Festsetzungen, die bei der nun folgenden Formulierung der Verfahrensschritte (mit einem abschließenden Flußdiagramm) herangezogen werden.

6.4 Verfahrensschritte (Richter-Algorithmus)

[1] Es sei i = 1,...,n und e_i das i-te Glied von E in [0.4].
Ist $B(e_i) = 1$?
- Wenn ja, geht P' über zu [2].
- Wenn nein, notiert P' $B(e_i)$ und geht über zu [16].

[2] Es sei F_j das zu e_i passende Glied der hypothetischen Silbenfolge G, die bei Anwendung von SILB bzw. V-SILB zu der hypothetischen Lautfolge F angenommen wurde; vgl. [0.1]. (Also $1 \leq j \leq$ die Länge von G. Da E nach [0.4] keine Segmente mehr enthält, die völlig unperiodisch oder für P' nicht tonhöhenfähig sind, braucht j nicht gleich i zu sein.)
Ist SILB angewandt worden?
- Wenn ja, geht P' zu [5].
- Wenn nein, geht P' zu [3].

[3] Hat F_j mehr als zwei Elemente?
- Wenn ja, geht P' zu [5].
- Wenn nein, geht P' zu [4].

[4] Es sei $F_j' = F_j$ ohne das 'erste' und das 'letzte' Element. P' nimmt eine auf F_j' beschränkte Anwendung von LAUT auf e vor (vgl. (3.3.1) in § 3.3) und geht über zu [5].

[5] Es sei E_i wie in (i) oder (ii) bestimmt:

(i) In [0.4] ist das Resultat einer Anwendung von SILB auf e gegeben, und E_i ist die Teilmenge des Resultats der hierbei vorausgesetzten LAUT-Anwendung, die e_i entspricht (das Resultat ist eine 'Lautsegment-Folge', und E_i ist der Teil, der die 'Lautsegmente' des 'Silbensegments' e_i enthält).

(ii) In [0.4] ist das Resultat einer Anwendung von V-SILB auf e gegeben, und E_i ist die Menge von Paaren (k,e'), für die gilt: (k,e') ist dem 'ersten' oder dem 'letzten' Laut von F_j durch eine bei V-SILB auftretende beschränkte Anwendung von LAUT zugeordnet worden, oder (k,e') ist einem Laut von F_j' in [4] durch die beschränkte Anwendung von LAUT in [4] zugeordnet worden. (Die e' sind also wiederum die 'Lautsegmente' des 'Silbensegments' e_i.)

Es sei $E_i' = \{(1,e_{i_1}),\dots,(m,e_{i_m})\}$ die Folge, die man aus E_i wie folgt erhält:

(i) Man behält aus E_i nur die Paare (k,e') bei, für die gilt: e' ist tonhöhenfähig bei P' und wenigstens teilweise periodisch (es gibt solche Paare wegen [0.4]).

(ii) Man ersetzt in den verbleibenden Paaren das kleinste k durch 1 usw.

Es sei i.f. k = 1,...,m und e_{i_k} ein Glied von E_i'.

Ist $B(e_{i_k}) = 1$?
- Wenn ja, geht P' über zu [7].
- Wenn nein, notiert P' $B(e_{i_k})$ und geht über zu [6].

[6] Ist $k = m$?

- Wenn ja, geht P' über zu [16].
- Wenn nein, geht P' mit $e_{i_{k+1}}$ über zu [5].

[7] Gibt es ein e^2, so daß:

(i) Es gibt ein (möglicherweise leeres) e^1 und ein (möglicherweise leeres) e^3, so daß sich e^1, e^2 und e^3 durch das gleich geschilderte Vorgehen ergeben;

(ii) $B(e^2) = 0$?

[Die Annahme eines ausgezeichneten e* als 'leeren Individuums' ist mereologisch fragwürdig, aber technisch möglich.] Das Vorgehen gemäß (i) ist folgendermaßen bestimmt.

Das in § 6.2 unter [2] und [3] genannte Verfahren wird erst 'nach links' angewandt; darauf, bei bis zuletzt positiver Antwort auf die Frage nach Tonhöhenänderung, 'nach rechts'; darauf, bei wiederum bis zuletzt positiver Antwort, abwechselnd nach links und nach rechts. Genauer wird für den jeweils verbleibenden Abschnitt von e_{i_k} gefragt, ob er ein Argument von B ist (also tonhöhenfähig bei P' und nicht völlig unperiodisch) und ob P' auf ihm eine Tonhöhenänderung hört. Bei der ersten *negativen* Antwort für ein B-Argument gelten der gerade beurteilte Abschnitt von e_{i_k} als e^2 und die 'links' bzw. 'rechts' verbleibenden (möglicherweise leeren) Abschnitte von e_{i_k} als e^1 und e^3 im Sinne von (i). Es kann also *höchstens ein* Tripel (e^1, e^2, e^3) der gesuchten Art gegeben.

Wird die Frage nach B-Argument und Tonhöhenänderung fortwährend *positiv* beantwortet, so ergibt sich schließlich ein Abschnitt e^2 von e_{i_k}, der kein B-Argument mehr ist. Dies ist insbesondere der Fall - so nehmen wir an - wenn der Abschnitt die L_{i_k}-Eigenschaft bei P' nicht mehr aufweist, wenn also gilt: Er hat bei P' nicht alle Eigenschaften, die der dem Abschnitt e_{i_k} entsprechende Laut L_{i_k} festlegt (s.o. (3.1.4) in § 3.1). Ergibt sich also ein Abschnitt, der kein B-Argument mehr ist, so ist die Frage nach der Existenz eines (e^1, e^2, e^3) *negativ* entschieden.

- Ist die Frage nach der Existenz eines (e^1,e^2,e^3) der geforderten Art negativ beantwortet, so notiert P' dies und geht zu [6].

- Ist die Antwort positiv, so notiert P' $B(e^2)$ und geht zu [8].

[8] Es sei $(e^{1'}, e^{2'}, e^{3'})$ das in [7] bei positiver Antwort erhaltene Tripel.
Ist $e^{3'}$ leer?
- Wenn ja, geht P' zu [12].
- Wenn nein, geht P' zu [9].

[9] Hat $e^{3'}$ die L_{i_k}-Eigenschaft?
- Wenn nein, geht P' zu [12].
- Wenn ja, geht P' zu [10].

[10] Ist $e^{3'}$ ein B-Argument?
- Wenn nein, geht P' zu [12].
- Wenn ja, geht P' zu [11].

[11] Ist $B(e^{3'}) = 0$?
- Wenn ja, notiert P' $B(e^{3'})$ und geht zu [12].
- Wenn nein, wendet P' [7] auf $e^{3'}$ an, wobei $e^{3'}$ die Rolle von e_{i_k} spielt.

[12] Ist $e^{1'}$ leer?
- Wenn ja, geht P' zu [6].
- Wenn nein, geht P' zu [13].

[13] Hat $e^{1'}$ die L_{i_k}-Eigenschaft?
- Wenn nein, geht P' zu [6].
- Wenn ja, geht P' zu [14].

[14] Ist $e^{1'}$ ein B-Argument?
- Wenn nein, geht P' zu [6].
- Wenn ja, geht P' zu [15].

[15] Ist $B(e^{1'}) = 0$?
- Wenn ja, notiert P' $B(e^{1'})$ und geht zu [6].
- Wenn nein, wendet P' [7] auf $e^{1'}$ an, wobei $e^{1'}$ die Rolle von e_{i_k} spielt.

[16] Ist $i = n$?
- Wenn ja, Ende.
- Wenn nein, geht P' zu [1] mit e_{i+1}.

RICHTER-ALGORITHMUS: FLUSSDIAGRAMM (Ziffern wie im Text)

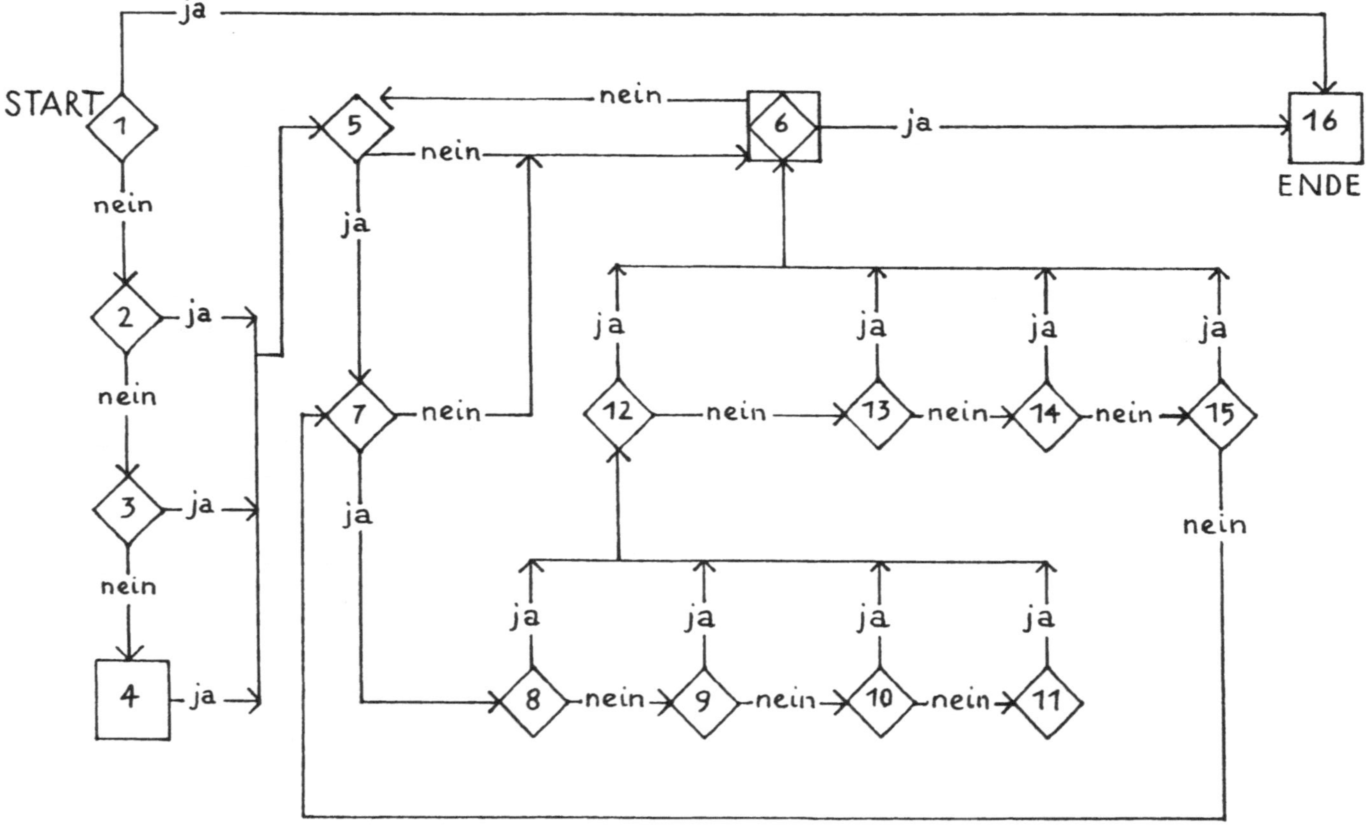

6.5 Erläuterungen: ABS und M-ABS

Bemerkung 1. Das Verfahren M-ABS läßt für ein 'Lautsegment' e_{i_k} des 'Silbensegments' e_i zu, daß [7] zu einem negativen Ausgang führt: Auf *jedem* relevanten Abschnitt von e_{i_k} wird eine Tonhöhenänderung gehört. Im Unterschied dazu führt ABS in vergleichbaren Fällen immer zu einem positiven Ergebnis, da bei ABS nach Tonhöhenkonstanz im Sinne von (6.1.3) gefragt wird; dies ist ein schwächerer Begriff als 'Fehlen von Tonhöhenänderung' (s.o. § 6.1).

Bemerkung 2. Die Folge von Abschnitten, die durch M-ABS einem 'Silbensegment' (indirekt) zugeordnet wird, erschöpft das Segment i.a. nicht: Erstens werden nur 'Lautsegmente' berücksichtigt, die tonhöhenfähig und wenigstens teilweise periodisch sind (vgl. § 6.4, [5]). Zweitens ist ein Lautsegment u.U. nicht mehr so unterteilbar, daß auf keinem der Teile eine Tonhöhenänderung gehört wird; vgl. Bemerkung 1. Beidemal bleiben die Lautsegmente in der Folge von Abschnitten unberücksichtigt. Grundsätzlich ist es sprachtheoretisch fragwürdig, die Frage nach Tonhöhenänderung auf Abschnitte von 'Lautsegmenten' einzuschränken statt - wie bei ABS möglich - ein 'Silbensegment' als ganzes von links nach rechts zu unterteilen.

Bemerkung 3. Werden M-ABS und ABS auf dasselbe 'Silbensegment' angewandt, so ergeben sich i.a. unterschiedliche Abschnittsfolgen, also unterschiedliche *Resultate*. Schon aus diesem Grunde können die Zielobjekte bei M-ABS nicht mit den Zielobjekten bei ABS - Quasistückelungen, s.o. § 6.1 - gleichgesetzt werden. Die *Zielobjekte* sind auf den Produzenten P von e bezogene Folgen von e-Abschnitten; sie sind vom selben Typ wie die Resultate und brauchen hier nicht weiter gekennzeichnet zu werden. Im Rahmen von BEVATON erfolgt die Tonhöhenbestimmung mittels PAR-A (-A') oder PAR-B für Abschnitte, die durch ABS bzw. M-ABS gewonnen werden. Damit wirken sich die unterschiedlichen Resultate bei der Segmentierung auch bei der Tonhöhenbestimmung aus.

Insgesamt sollte man ABS statt M-ABS anwenden: ABS ist zugleich einfacher und entspricht besser den sprachtheoretischen Voraussetzungen, wie sie in Lieb (i. ds. Bd.) formuliert sind.

Damit sind die Segmentierungsverfahren vollständig dargestellt. Wir wenden uns nun den Verfahren zur Tonhöhenbestimmung zu.

7 Tonhöhenbestimmung

7.1 Syntagmatische Verfahren: SYN-SILB

Die *Eingabedaten* e sind dieselben wie bei LAUT, s.o. § 2.1.

Das *Zielobjekt* einer Anwendung auf e ist eine Menge von drei Relationen, Höher für P in E, Tiefer für P in E und Gleichhoch für P in E, wo P der Produzent von e ist; E eine vorgegebene Silbensegment-Folge bei e und P; und die drei Relationen jeweils aus allen Paaren von unmittelbar benachbarten (bei P tonhöhenfähigen) Gliedern von E bestehen, von denen das erste für P als ganzes höher klingt als das zweite als ganzes bzw. tiefer als das zweite bzw. weder höher noch tiefer als das zweite. (Zu "höher" usw. vgl. Lieb (i. ds. Bd.), § 2.2.)

Das *Resultat* der Anwendung ist eine Menge von drei Relationen Höher für P' in E', Tiefer für P' in E' und Gleichhoch für P' in E', wo P' der Experimentator und E' das Resultat einer Anwendung von SILB oder von V-SILB auf e ist und P' glaubt, daß Höher für P' in E' = Höher für P ind E, Tiefer für P' in E' = Tiefer für P in E und Gleichhoch für P' in E' = Gleichhoch für P in E.

Im Zusammenhang mit Zielobjekten und Resultaten sind drei Bemerkungen angebracht.

Bemerkung 1. Bei beliebigem P ist Tiefer für P die Umkehrrelation zu Höher für P. Damit sind auch die auf E bzw. E' beschränkten Tieferrelationen die Umkehrrelationen zu den entsprechenden Höherrelationen und daher mit diesen automatisch mitgegeben.

Bemerkung 2. Annahme (5.8) zu *normalen* Äußerungen e (Lieb (i. ds. Bd.), § 5.3) ist unvereinbar mit der Annahme, Silbensegmente in e bei P könnten bei P nicht tonhöhenfähig sein. Danach ist also jedes Glied von E auch ein Glied einer der drei Relationen, aus denen das Zielobjekt besteht. Entsprechendes kann für E', P' und das Anwendungsresultat *nicht* ohne weiteres vorausgesetzt werden.

Tatsächlich treten bei manchen Äußerungen, die zunächst als normal betrachtet werden, bei E' Glieder auf, die bei P' nicht tonhöhenfähig sind. Es besteht kein Grund zu der Annahme, daß es sich hierbei um eine Besonderheit von E' und P' handelt; vielmehr steht zu vermuten, daß die Verhältnisse bei E und P genauso liegen.

Das Problem läßt sich unterschiedlich lösen:

(i) Solche nicht-normalen Äußerungen werden bei SILB, V-SILB und SYN-SILB zugelassen. Es ist allerdings nicht ohne weiteres klar, ob dies mit der 'lautlichen' Normalität der Eingabedaten (vgl. § 2.1) vereinbar ist.

(ii) Solche Äußerungen werden als Eingabedaten ausgeschlossen. Ist dies jedoch wirklich zweckmäßig?

(iii) Annahme (5.8) bei Lieb (i. ds. Bd.) zu normalen Äußerungen wird auf geeignete Weise abgeschwächt.

Wir akzeptieren hier der Einfachheit halber (ii) in der folgenden Form:

(7.1.1) Ist e ein Eingabedatum für SILB (§ 5.1) und E' das Ergebnis einer Anwendung von SILB auf e mittels M, P' und R, so ist jedes Glied von E' tonhöhenfähig bei P'.

Das Verfahren SYN-SILB stellt sich dann folgendermaßen dar.

[0] VERFAHRENSVORAUSSETZUNGEN

[0.1] Die Voraussetzungen für eine Anwendung von SILB sind erfüllt, und E' (eine bestimmte Folge von Abschnitten von e) ist das Resultat einer Anwendung von SILB mittels P', M und R auf e; oder die Voraussetzungen für eine Anwendung von V-SILB sind erfüllt, und E' ist das Resultat einer Anwendung von V-SILB mittels P', M und R auf e; und G ist die bei der Anwendung von SILB bzw. V-SILB angesetzte Silbenfolge.

[0.2] P' kann über Tonhöhenbeziehungen urteilen, die für P' in Folgen E' - vgl. [0.1] - zwischen Folgengliedern als ganzen bestehen; insbesondere kann P' hierbei Tonhöheneindrücke von Eindrücken der Lautheit oder der Dauer unterscheiden.

[1] VERFAHRENSSCHRITTE

[1.1] Ist die Länge von E' = 1?
- Wenn ja, vermerkt P' als Resultat {Ø} (s.u. Bemerkung 3).
- Wenn nein, geht P' zu [1.2].

[1.2] Für jedes i mit 1 $\leq$ i < die Länge von E', P' erzeugt unmittelbar nacheinander je eine akustische Kopie von e_i und e_{i+1} und urteilt, ob die erste als ganze für P' höher klingt als die zweite als ganze.
- Wenn ja, notiert P' in geeigneter Form: e_i klingt für P' höher als e_{i+1}.
- Wenn nein, geht P' zu [1.3].

[1.3] P' erzeugt ein neues Kopienpaar und urteilt, ob die erste Kopie tiefer klingt als die zweite.
- Wenn ja, notiert P' in geeigneter Form: e_i klingt für P' tiefer als e_{i+1}.
- Wenn nein, notiert P' in geeigneter Form: e_i klingt für P' gleich hoch wie e_{i+1} (vgl. hierzu (7.1.1)).

Bemerkung 3. Auch bei SYN-SILB kann es beschränkte Anwendungen geben. Eine *auf* E" *beschränkte Anwendung von SYN-SILB auf* e *durch* P', M *und* R ist eine Handlungsfolge, für die gilt: (i) e, P', M und R genügen den Verfahrensvoraussetzungen für SYN-SILB; (ii) E" ist eine nicht-leere Teilmenge der vorausgesetzten Folge E'; (iii) [1] wird nur auf E" angewandt. *Vollständige* und *unvollständige* Anwendungen werden wie früher definiert.

Die verbleibenden Verfahren zum syntagmatischen Tonhöhenvergleich sind weitgehend analog zu SYN-SILB.

7.2 Syntagmatische Verfahren: SYN-ABS und SYN-M-ABS

Die *Eingabedaten* e für SYN-ABS bezüglich des Experimentators P' sind dieselben wie für ABS.

Das *Zielobjekt* einer Anwendung auf e ist eine Menge von drei Relationen, Höher für P in E, Tiefer für P in E und Gleichhoch für P in E, wo E das Zielobjekt einer vorgegebenen Anwendung von ABS auf e durch P' ist und wo die drei Relationen wie bei den Zielobjekten von SYN-SILB (§ 7.1) zu bestimmen sind.

Das *Resultat* der Anwendung ist eine entsprechende Menge von drei Relationen Höher für P' in E', Tiefer für P' in E' und Gleichhoch für P' in E', wo P' der Experimentator und E' das Resultat der Anwendung von ABS auf e ist und P' glaubt, daß Höher für P' in E' = Höher für P in E, Tiefer für P' in E' = Tiefer für P in E und Gleichhoch für P' in E' = Gleichhoch für P in E.

Bemerkung 1. Die Bemerkungen 1 und 3 in § 7.1 gelten entsprechend. Ferner können die Relationen Gleichhoch für P in E und Gleichhoch für P' in E' vernachlässigt werden: Die Glieder von E bzw. E' sind *größte* bei P bzw. P' *tonhöhenkonstante* Abschnitte von e, die jeweils zusammen e erschöpfen; aus (6.1.3) ergibt sich dann, daß die beiden Relationen leer sind.

[0] VERFAHRENSVORAUSSETZUNGEN für SYN-ABS

[0.1] Die Voraussetzungen für eine Anwendung von ABS (§ 6.2) sind erfüllt, und E' (eine bestimmte Folge von Abschnitten von e) ist das Resultat einer Anwendung von ABS mittels P', M und R auf e.

[0.2] [Analog zu SYN-SILB, Verfahrensvoraussetzung [0.2], s. § 7.1]

[1] VERFAHRENSSCHRITTE für SYN-ABS

Die Schritte sind gerade wie bei SYN-SILB (s. § 7.1), unter Berücksichtigung von Bemerkung 1.

Statt von ABS können wir auch von M-ABS (§§ 5.3ff) ausgehen; wir erhalten dann das Verfahren SYN-M-ABS. Die Charakterisierung von SYN-M-ABS ergibt sich aus derjenigen von SYN-ABS, indem man überall (bei der Charakterisierung der Eingabedaten, Zielobjekte, Resultate, Verfahrensvoraussetzungen und -schritte) "ABS" durch "M-ABS" und "§ 6.2" durch "§ 6.3" ersetzt und den Verweis auf Bemerkung 1 beseitigt. SYN-ABS und SYN-M-ABS unterscheiden sich in den Eingabedaten - dieselben wie bei ABS (§ 6.1) bzw. M-ABS (§ 6.3) - und entsprechend in Verfahrensvoraussetzung [0.1]; die Verfahrensschritte sind gleich.

Als nächstes wenden wir uns der 'paradigmatischen' Tonhöhenbestimmung zu.

7.3 Paradigmatische Verfahren: PAR-A, PAR-A' und PAR-B

Die *Eingabedaten* von PAR-A, PAR-A' und PAR-B bezüglich des Experimentators P' sind beliebige echte oder unechte Abschnitte e von Sprechschallereignissen, so daß gilt: e ist bei P' tonhöhenkonstant im Sinne von (6.1.3).

Nach (6.1.3) impliziert Tonhöhenkonstanz von e Tonhöhenfähigkeit im Sinne von (6.1.1). Nach der Bemerkung zu (6.1.1) bedeutet Tonhöhenfähigkeit von e insbesondere, daß e Einzeltoncharakter hat. Überraschenderweise kann es - wie Klaus Fenchel festgestellt hat - Abschnitte von normalen Äußerungsereignissen geben, die bei manchen Experimentatoren P' keinen Einzeltoncharakter haben. Auf solche Abschnitte - zugegeben Randfälle - werden also PAR-A, PAR-A' und PAR-B nicht angewandt.

Das *Zielobjekt* einer Anwendung von PAR-A, PAR-A' oder PAR-B ist eine Zahl, welche die (niedrigste) Tonhöhenstufe charakterisiert, zu der e bei dem Produzenten P von e gehört (zu "niedrigste Tonhöhenstufe" vgl. Lieb (i. ds. Bd.), § 2.2).

Das *Resultat* der Anwendung ist eine entsprechende Zahl bezüglich P', der PAR_A-Wert ($PAR_{A'}$-Wert) bzw. PAR_B-Wert bei P'.

Bei der weiteren Kennzeichnung von PAR-A, PAR-A' und PAR-B werden wir zwar die Verfahrensvoraussetzungen angeben, jedoch auf eine ausführliche Kennzeichnung der Verfahrensschritte verzichten. Die Verfahrensschritte ergeben sich nämlich mit hinreichender Deutlichkeit aus der informellen Schilderung in § 1.4, wenn man sich die maschinelle Komponente von BEVATON-Instrumenten - unten in § 9 dargestellt - vergegenwärtigt.

[0] VERFAHRENSVORAUSSETZUNGEN von PAR-A, PAR-A' und PAR-B

[0.1] (M,P',R) ist ein BEVATON-Instrument.

[0.2] e ist ein Eingabedatum von PAR-A bezüglich P'.

[0.3] P' kann auditiv über Tonhöhenbeziehungen (bei P') urteilen, die zwischen (Kopien von) tonhöhenkonstanten Abschnitten von Sprechschallereignissen einerseits und Tönen mit Sinus- oder Rechteckwellenform andererseits bestehen, und kann dabei insbesondere Tonhöheneindrücke von Eindrücken der Klangfarbe unterscheiden. Dies schließt [0.3.1] und [0.3.2] ein:

[0.3.1] P' kann über Höher-Klingen für P bzw. Tiefer-Klingen für P urteilen.

[0.3.2] [Wichtig nur für PAR-A und PAR-A'] P' kann darüber urteilen, ob für P' eine Kopie eines Äußerungsabschnittes ebenso nah an dem unteren wie an dem oberen Ton eines nachfolgend generierten Tonpaares liegt.

Die Voraussetzung [0.1] galt natürlich schon für alle früheren Teilverfahren, wo sie gewöhnlich implizit blieb.

VERFAHRENSSCHRITTE bei PAR-A bzw. PAR-A' bzw. PAR-B:

s.o. § 1.4 im Zusammenhang mit u. § 9.

Eine Anwendung von PAR-A, PAR-A' oder PAR-B auf e, wie sie bei Erfüllung der Verfahrensvoraussetzungen durch die Verfahrensschritte bestimmt ist, liefert als *Resultat* eine Zahl. Ist das Resultat *richtig*, so charakterisiert die Zahl die niedrigste Tonhöhenstufe, zu der e bei dem Produzenten P von e gehört. Hierzu sind einige Erläuterungen und Präzisierungen angebracht.

7.4 PAR-Werte und Tonhöhenstufen

Die Resultate von PAR-Anwendungen sind 'PAR-Werte'. Wir explizieren zunächst diesen Begriff und betrachten dann das Verhältnis von PAR-Werten zu Tonhöhenstufen.

Der Begriff des PAR-Wertes baut auf dem der PAR-Anwendung auf. Verfahrensanwendungen sind, wie eingangs (§ 0.4) dargelegt, Folgen von Handlungen. Anwendungen von PAR-A, PAR-A' und PAR-B erfolgen mittels eines BEVATON-Instruments (M,P',R). Es stehe "H" für irgendwelche Handlungsfolgen, "x" für die Zeichen "A", "A'" und "B". Wir beziehen uns auf Anwendungen von PAR-x mit einem Ausdruck der Form

(7.4.1) H ist eine Anwendung von PAR-x auf e mittels M, P' und R,

den wir durch die folgende bedingte Definition einführen könnten:

(7.4.2) Erfüllen e, M, P' und R die Verfahrensvoraussetzungen für PAR-x, so ist H eine Anwendung von PAR-x auf e mittels M, P' und R genau dann, wenn H bezüglich e, M, P' und R den Verfahrensschritten bei PAR-x entspricht.

Bei einer Anwendung von PAR-x muß ein Frequenzmaß für die Vergleichstöne bestimmt werden. Es stehe "α" für "Hertz", "Kilohertz" usw. Wir definieren dann

(7.4.3) Erfüllen e, M, P' und R die Verfahrensvoraussetzungen für PAR-x, so ist H eine *α-Anwendung von PAR-*x *auf* e *mittels*

M, P' *und* R genau dann, wenn H eine Anwendung von PAR-x auf e mittels M, P' und R ist, bei der α das Frequenzmaß für die Vergleichstöne ist.

Die Resultate von PAR-x-Anwendungen können nun als 'PAR-x-Werte' gekennzeichnet werden:

(7.4.4) *Der* PAR_x*-Wert in* α *von* e *bezüglich* M, P', R *und* H [PAR_x-$Wert_\alpha$(e,M,P',R,H)] = die [reelle] Zahl r, für die (a) oder (b) gilt:

a. (i) e, M, P' und R erfüllen die Verfahrensvoraussetzungen für PAR-x;

(ii) H ist eine α-Anwendung von PAR-x auf e mittels M, P' und R;

(iii) r = die Zahl, die e durch H zugeordnet wird.

b. Es ist nicht der Fall, daß (i) und (ii), und r = 0.

(Bei genauerer Formulierung der Verfahrensschritte für PAR-x, die in § 1.4 dargestellt sind, würde sich ergeben: Bei (a) wird genau eine Zahl zugeordnet, und diese ist von Null verschieden.)

Angenommen nun, der PAR_x-Wert in α von e bezüglich M, P', R und H ist nicht Null und ist richtig. Dann 'charakterisiert' er die niedrigste Tonhöhenstufe, zu der e bei dem Produzenten P von e gehört. Das soll heißen:

(7.4.5) Es gibt eine Beziehung β zwischen Zahlen r, Schallereignissen e und Zahlen n, so daß für alle e, M, P', R, H, P und n gilt: Besteht β zwischen PAR_x-$Wert_\alpha$(e,M,P', R,H), e und n, so ist die n-te Tonhöhenstufe bei P die niedrigste, zu der e gehört.

(Zu den Begriffen nach "so ist" vgl. Lieb (i. ds. Bd.), § 2.2.) Wir haben eine solche Beziehung β bisher nur ihrem Typ nach bestimmt: β soll im wesentlichen darin bestehen, daß sich der PAR_x-Wert r auf bestimmte Weise zu der Grundfrequenz von e verhält, die wiederum in einem festen Verhältnis zu den Tonhöhenstufen bei P steht. r und die Grundfrequenz von e sind dabei nicht einfach identisch: Diese Hypothese motiviert überhaupt erst die Entwicklung eines *auditiven* Verfahrens zur Tonhöhenanalyse. Aus den Ergebnissen, zu denen die Überprüfung einer bestimmten BEVATON-Variante geführt hat, läßt sich allerdings schließen: Der PAR_x-Wert von e liegt - sofern er nicht Null ist - im allgemeinen nahe an der Grundfrequenz von e (vgl. Richter (i. ds. Bd.), Anhang C). Die Unterschiede zwischen PAR_x- und Grundfrequenzwerten lassen sich jedoch nicht statistisch wegerklären; sie haben sachliche Gründe, die den Gegenstand weiterer Forschung bilden müßten.

Um Beziehungen β konkret zu bestimmen, wird man wahrscheinlich Experimente vornehmen müssen, bei denen man auf Verfahren der maschinellen *Synthese* und *Resynthese* von Sprechschall-Ereignissen zurückgreift.

Wir sind nunmehr in der Lage, die Verfahrensfamilie BEVATON durch Angabe ihrer Varianten zu kennzeichnen.

8 BEVATON

8.1 BEVATON-A

Die verschiedenen BEVATON-Varianten entstehen durch geeignete Verknüpfung der Teilverfahren. Im folgenden wird eine Variante exemplarisch dargestellt.

Es handelt sich um BEVATON-A, die Variante, die informell bereits in § 1 gekennzeichnet wurde. Sie verbindet LAUT, SILB, SYN-SILB, ABS, SYN-ABS und PAR-A.

Die *Eingabedaten* für BEVATON-A sind beliebige Eingabedaten für LAUT (§ 2.1).

Die *Zielobjekte* einer Anwendung H von BEVATON-A auf e mittels M, P' und R sind, informell ausgedrückt, gleich den Zielobjekten aller Anwendungen von SYN-SILB, SYN-ABS und PAR-A, die in H enthalten sind; Entsprechendes gilt für die *Resultate* von H. Eine genauere Formulierung wäre unnötig aufwendig und jedenfalls erst verständlich, wenn man sich die Verfahrensvoraussetzungen und -schritte im einzelnen klargemacht hat.

Die Verfahrensvoraussetzungen für BEVATON-A ergeben sich weitgehend durch Kumulation solcher Voraussetzungen für Teilverfahren, die nicht schon durch die Art der Verfahrensverknüpfung erfüllt sind.

[0] VERFAHRENSVORAUSSETZUNGEN

[0.1] e, P', M und R erfüllen die Verfahrensvoraussetzungen für LAUT (§ 2.2); die Voraussetzungen [0.4] und [0.6] für SILB

(§ 5.2); die Voraussetzung [0.2] für SYN-SILB (§ 7.1); Voraussetzungen [0.2] und [0.3] für ABS (§ 6.2); Voraussetzung [0.2] für SYN-ABS (§ 7.2); Voraussetzungen [0.1] und [0.3] bis [0.5] bei PAR-A (§ 7.3).

[0.2] Jeder bei P' tonhöhenfähige Abschnitt von e, der keinen periodischen Teil hat, ist bei P' tonhöhenkonstant (vgl. § 6.1).

[1] bis [6] VERFAHRENSSCHRITTE

[1] P' wendet mittels M und R LAUT auf e an.

[2] Es sei E_1 das Resultat von [1] und F_1 die Lautfolge, die von P' nach Abschluß von [1] für das Wort oder den Satz angenommen wird, deren Äußerung e ist. (E_1 ist eine Lautsegment-Folge in e bezüglich F_1 bei P'.)

Unter Voraussetzung von E_1 und F_1 wendet P' mittels M und R SILB auf e an.

[3] Es sei E_2 das Resultat von [2].

Unter Voraussetzung von E_2 wendet P' mittels M und R SYN-SILB auf e an. (Nach Annahme (7.1.1) in § 7.1 sind alle Glieder von E_2 tonhöhenfähig bei P'.)

[4] P' wendet mittels M und R ABS auf jedes Glied von E_2 an, das wenigstens teilweise periodisch ist. Das Ergebnis ist eine Folge von größten bei P' tonhöhenkonstanten Abschnitten des Gliedes.

[5] Es sei n = die Länge von E_2 und $E_{21}...E_{2n}$ die Folge von Folgen von e-Abschnitten, bei der für alle i = 1,...,n gilt: Entweder hat das i-te Glied e_i von E_2 keinen periodischen Teil, und E_{2i} = die Einerfolge von e_i; oder das i-te Glied e_i von E_2 ist wenigstens teilweise periodisch, und E_{2i} = das Resultat der Anwendung von ABS auf e_i mittels M, P' und R.

Wegen (7.1.1) und Voraussetzung [0.2] ist jedes E_{2i} eine Folge von größten bei P' tonhöhenkonstanten Abschnitten des i-ten Gliedes e_i von E_2, die e_i erschöpft. Damit erfüllen e_i und E_{2i} insbesondere die Voraussetzung [0.1] für die Anwendung von SYN-ABS (§ 7.2), und jedes Glied von E_{2i} erfüllt die Voraussetzung [0.2] für eine Anwendung von PAR-A (§ 7.3).

Unter Voraussetzung von E_{2i} wendet P' SYN-ABS auf jedes Glied e_i von E_2 an, für i = 1,...,n.

[6] P' wendet mittels M und R PAR-A auf jedes Glied von E_{2i} an, für i = 1,...,n. Das Resultat ist eine Zahl, nämlich der PAR_A-Wert in (dem verwendeten Frequenzmaß) α des E_{2i}-Glieds bezüglich M, P', R und der vorgenommenen Anwendung von PAR-A; vgl. (7.4.4). (Ende)

Wir werden die übrigen Varianten von BEVATON nur in allgemeiner Weise kennzeichnen.

8.2 Andere BEVATON-Varianten

Die *Eingabedaten* beliebiger BEVATON-Varianten sind die Eingabedaten von LAUT.

Die *Zielobjekte* und *Resultate* einer Anwendung H einer BEVATON-Variante werden ähnlich wie bei BEVATON-A bestimmt: Die Zielobjekte von H sind gleich den Zielobjekten der Anwendungen von Bestimmungsverfahren für Tonhöhen (SYN-SILB, SYN-ABS bzw. SYN-M-ABS, PAR-A bzw. PAR-A' bzw. PAR-B), die in H enthalten sind; entsprechend sind die Resultate von H gleich den Resultaten der in H enthaltenen Anwendungen dieser Verfahren. Man beachte also, daß die Zielobjekte und Resultate von Anwendungen von Segmentierungsverfahren (LAUT, SILB bzw. V-SILB, ABS bzw. M-ABS) auch dann nicht zu den Zielobjekten und Resultaten von H gerechnet werden, wenn diese Anwendungen in H enthalten sind: Im Rahmen einer BEVATON-Variante hat die Segmentierung gegenüber der Tonhöhenbestimmung dienende Funktion.

Die BEVATON-Varianten ergeben sich durch Verknüpfung der gerade genannten Teilverfahren. Die Verknüpfung kann so erfolgen, daß eine beschränkte Anwendung eines ersten Verfahrens durch eine beschränkte Anwendung eines zweiten abgelöst wird, auf die wieder eine beschränkte Anwendung des ersten folgt usw. Es muß lediglich gelten:

1. Eine durch SILB oder V-SILB gewonnene Folge bildet die Grundlage für Anwendungen von SYN-SILB, für eine vollständige oder mehrere beschränkte, die insgesamt der vollständigen gleichwertig sind.

2. Entweder: Auf jedes geeignete Glied der Folge in (1) wird ABS angewandt, und die jeweils entstehende Folge von Glied-Teilen wird Anwendungen von SYN-ABS zugrunde gelegt; oder: Eine durch M-ABS gewonnene Folge wird Anwendungen von SYN-M-ABS zugrunde gelegt.

3. Entweder: Auf jedes Glied der durch ABS gewonnenen Folgen bzw. der durch M-ABS gewonnenen Folge wird PAR-A angewandt; oder: Auf jedes dieser Glieder wird PAR-A' angewandt; oder: Auf jedes dieser Glieder wird PAR-B angewandt.

Von den Varianten, die sich so ergeben, seien außer BEVATON-A noch die folgenden gekennzeichnet.

BEVATON-B

Bei dieser Variante wird mit den beschränkten Anwendungen von LAUT auf e begonnen, die für eine anschließende Anwendung von V-SILB (§ 5.6, Bemerkung 5) notwendig sind. Es sei E die durch V-SILB gewonnene Folge von Abschnitten von e. Es sei e_i das erste Glied von E. Hat e_i keinen periodischen Teil und ist e_i nicht tonhöhenkonstant, so wird dies vermerkt. Hat e_i keinen periodischen Teil und ist e_i tonhöhenkonstant, so wird PAR-A auf e_i angewandt. Hat e_i einen periodischen Teil, so wird ABS auf e_i angewandt. Es sei E_i die durch ABS gewonnene Folge von Abschnitten von e_i. Es sei e_{i_j} das erste Glied von E_i. Auf e_{i_j} wird PAR-A angewandt. Es sei e_{i_j} nicht das erste Glied von E_i. Dann werden zunächst $e_{i_{j-1}}$ und e_{i_j} durch eine beschränkte Anwendung von SYN-ABS verglichen, und anschließend wird PAR-A auf e_{i_j} angewandt. Es sei e_i nicht das erste Glied von E. e_{i-1} und e_i werden zunächst durch eine beschränkte Anwendung von SYN-SILB verglichen; anschließend wird mit e_i wie vorher verfahren.

BEVATON-C

Diese Variante ist ganz analog zu BEVATON-B, mit dem folgenden Unterschied: Statt ABS wird M-ABS angewendet und SYN-M-ABS statt SYN-ABS. Praktisch läuft BEVATON-C nach der Anwendung von V-SILB auf folgendes hinaus: Wo immer möglich, gehen beschränkte Anwendungen von SYN-SILB der Anwendung des Richter-Algorithmus (§ 6.4) voraus; und die Anwendung des Richter-Algorithmus wird an allen Stellen, wo dies möglich ist, durch beschränkte Anwendungen von

SYN-M-ABS und Anwendungen von PAR-A unterbrochen. (Die Unterbrechungen erfolgen stets nach der Notierung eines Wertes der in § 6.3, [0.5], definierten Funktion B.)

BEVATON-C-2

Wie BEVATON-C, aber mit einem Anwender P_1' für V-SILB und die LAUT-schritte bei M-ABS und einem anderen Anwender P_2' für alle anderen Schritte (Zweipersonenvariante, s.o. § 0.4).

Statt PAR-A können wir in einer BEVATON-Variante natürlich auch das eng verwandte PAR-A' verwenden. Wir erhalten dann *Strich-varianten*, insbesondere:

BEVATON-A', -B', -C', -C'-2

Wie BEVATON-A usw. aber mit PAR-A' statt PAR-A.

BEVATON-C wurde als erste Variante entwickelt und angewendet, vgl. den Anhang. Bei Richter (i. ds. Bd.) ist die Zuverlässigkeit von BEVATON-C oder genauer, von BEVATON-C-2, teilweise überprüft. Jedoch hat sich inzwischen durch Lieb (i. ds. Bd.) herausgestellt, daß die C-Varianten wegen des Rückgriffs auf M-ABS sprachtheoretisch z.T. fragwürdig sind (s.o. § 6.5, Bemerkung 2) und deshalb durch eine Variante wie BEVATON-B ersetzt werden sollten.

In bestimmter Hinsicht ist auch eine solche Variante noch nicht optimal: Nach Bemerkung 1 in § 1.5 scheint PAR-B gegenüber PAR-A und PAR-A' den Vorzug zu verdienen. Dies führt auf

BEVATON-D

Wie BEVATON-B, aber mit PAR-B statt PAR-A.

Diese Variante schließt weiterhin V-SILB statt SILB ein und kommt damit ohne eine vollständige Anwendung von LAUT aus. Für manche Zwecke mag dies ein Nachteil sein. Es empfiehlt sich dann:

BEVATON-E

Wie BEVATON-D, aber mit SILB statt V-SILB und mit einer vollständigen Anwendung von LAUT.

8.3 Bemerkungen zu den BEVATON-Varianten

Bei der vergleichenden Bewertung von Varianten sind besonders die folgenden Gesichtspunkte wichtig: apparative Anforderungen -

Ansprüche an den Experimentator - klare Trennung von Tonhöhenvergleich und numerischer Tonhöhenbestimmung.

BEVATON-A und BEVATON-A' unterscheiden sich von allen später gekennzeichneten Varianten folgendermaßen: Bei der A- und der A'-Variante ist die Verknüpfung der Teilverfahren einfach, jedoch muß ein erheblicher Speicherungs- und Notierungsaufwand betrieben werden; insbesondere übersteigt der Speicherungsaufwand die unten in § 9.5 genannten apparativen Möglichkeiten. Bei den übrigen Varianten liegen die Verhältnisse gerade umgekehrt. Allgemein lassen sich die technischen Anforderungen durch geschickte Verfahrensverknüpfung reduzieren.

BEVATON-A und -A' haben ferner den Nachteil, daß die ununterbrochene Anwendung von PAR-A bzw. PAR-A' in Schritt [6] (s. § 8.1) zu rascher Ermüdung des Experimentators führt: Die paradigmatischen Verfahren strengen erheblich stärker an als die syntagmatischen. Bei den übrigen Varianten sind diese Verfahren verschränkt; der Ermüdungseffekt ist geringer.

Allerdings besteht bei diesen Varianten *theoretisch* die Möglichkeit, daß sich die Urteile bei Anwendung der syntagmatischen und der paradigmatischen Verfahren gegenseitig beeinflussen. Wir haben systematische Untersuchungen nicht angestellt, da eine solche Beeinflussung *praktisch* ausgeschlossen werden kann: Bei der Anwendung der paradigmatischen Verfahren treten Vergleichstöne auf, die jede auditive Erinnerung an frühere Signale zerstören. Es ist jedoch sicherzustellen, daß frühere Urteile nicht über ihre Aufzeichnung erinnert werden.

Sämtliche BEVATON-Varianten müssen der Forderung genügen, daß die auditiven Urteile des Experimentators P' nicht durch akustische Hypothesen über die beurteilten Schallereignisse beeinflußt sind. Bei Anwendung einer BEVATON-Variante gilt daher insbesondere für die Anwendung von PAR-x auf einen Schallereignis-Abschnitt: Die Grundfrequenz des Abschnitts darf dem Experimentator erst *nach* Ermittlung des PAR_x-Wertes bekannt sein. Die Grundfrequenzermittlung ist entsprechend in die BEVATON-Varianten einzupassen.

Auch dann ist dem Experimentator P' das Kurvenbild des Abschnitts, auf den er PAR-x anwendet, grundsätzlich bekannt, und zwar aufgrund der vorherigen Anwendungen von SILB oder V-SILB und gegebenenfalls von ABS oder M-ABS. Bei einiger Übung und entsprechenden theoretischen Kenntnissen könnte P' unbewußt Hypothesen über die Grundfrequenzeigenschaften des Abschnitts aufgestellt haben, die ihn bei der Anwendung von PAR-x beeinflussen.

Faktisch ist es bei den BEVATON-Varianten die Ausnahme, daß auf einen Schallereignis-Abschnitt, der eben erst durch SILB, V-SILB, ABS oder M-ABS ermittelt worden ist, sogleich PAR-x angewandt wird; dies macht eine Beeinflussung des auditiven Urteils durch eventuelle akustische Hypothesen unwahrscheinlich. Auch wo die Anwendung von PAR-x unmittelbar auf die Segmentermittlung folgt, treten bei PAR-x zunächst einmal Vergleichstöne mit bekannter Frequenz auf; diese - und nicht irgendeine vage Grundfrequenzerwartung für das zu beurteilende Signal - bilden den Rahmen für das auditive Urteil.

Aufgrund dieser Überlegungen haben wir davon abgesehen, einen möglichen Einfluß des Kurvenbildes auf das auditive Urteil bei PAR-x zu untersuchen.

Die vorstehenden Überlegungen führen bereits auf Fragen der 'Gültigkeit' und 'Zuverlässigkeit' der BEVATON-Varianten. Bevor wir hierauf genauer eingehen, erörtern wir die Frage, inwiefern mit Hilfe von BEVATON die Melodie von Äußerungen und Äußerungsurteilen gekennzeichnet wird.

8.4 BEVATON-Werte und Melodie

Bei der Anwendung einer BEVATON-Variante sind die Zielobjekte und Resultate gleich den Zielobjekten und Resultaten *der* Teilverfahren, die zur Tonhöhenbestimmung dienen, also der syntagmatischen Verfahren SYN-SILB, SYN-ABS und SYN-M-ABS und der paradigmatischen PAR-A, PAR-A' und PAR-B. Entsprechend können wir von den *syntagmatischen* und den *paradigmatischen Zielobjekten* und *Resultaten* der Anwendung sprechen. Die paradigmatischen Resultate mögen 'BEVATON-Werte' genannt werden. Im folgenden wird zunächst dieser Begriff genauer geklärt; anschließend fragen wir nach dem Verhältnis von BEVATON-Werten zur Äußerungsmelodie.

Allgemein sind BEVATON-Werte die Zahlen, die bei der Anwendung einer gegebenen BEVATON-Variante auf e als PAR_x-Werte von Abschnitten e_1 von e auftreten, d.h. die aus der Anwendung des paradigmatischen Verfahrens resultieren, das zu der Variante gehört. Für die genauere Bestimmung benötigen wir den Begriff der BEVATON-Anwendung (wir betrachten weiterhin nur Einpersonenvarianten von BEVATON, vgl. § 0.4):

(8.4.1) Es stehe "y" für irgendeinen der Buchstabenindizes im Namen von BEVATON-Varianten, also für "A", "A'", "B" usw. Es stehe "α" für den Namen eines Frequenzmaßes, also für "Hertz" usw. Die Werte der Variablen "H", "H_1" usw. seien Handlungsfolgen.

Erfüllen e, M, P' und R die Verfahrensvoraussetzungen für BEVATON-y, so ist H eine *α-Anwendung von BEVATON-*y *auf* e *mittels* M, P' *und* R genau dann, wenn H bezüglich e, M, P' und R den Verfahrensschritten bei BEVATON entspricht und α bei H das Frequenzmaß für die Vergleichstöne ist.

(Als Beispiel nehme man BEVATON-A in § 8.2.) Der Begriff des BEVATON-Wertes läßt sich nun mit Hilfe von "PAR_x-Wert" explizieren. ("x" steht weiterhin für die Zeichen "A", "A'" und "B"):

(8.4.2) *Der* $BEVATON_y$*-Wert in* α *von* e_1 *bezüglich* e, M, P', R *und* H [B_y-$Wert_\alpha$ (e_1,e,M,P',R,H)] = die Zahl r, für die (a) oder (b) gilt:

a. (i) e, M, P' und R erfüllen die Verfahrensvoraussetzungen für BEVATON-y;

(ii) H ist eine α-Anwendung von BEVATON-y auf e mittels P' und R;

(iii) es gibt ein H_1, so daß gilt:

α. H_1 ist in H enthalten;

β. für alle x, ist PAR-x ein Teilverfahren von BEVATON-y, so ist der PAR_x-Wert in α von e_1 bezüglich M, P', R und H_1 ≠ 0;

(iv) r = die Zahl r_1, für die gilt: für alle H_1 und x, genügt H_1(α) und (β) in (iii) und ist PAR-x ein Teilverfahren von BEVATON-y, so ist r_1 = der PAR_x-Wert in α von e_1 bezüglich M, P', R und H_1.

b. Nicht (ai) bis (aiii), und r = 0.

Mit anderen Worten: Es seien die Verfahrensvoraussetzungen für eine BEVATON-Variante erfüllt; es werde die Variante auf ein Sprechschall-Ereignis e angewandt; es ergebe sich dabei ein Abschnitt e_1 von e, auf den das zu der BEVATON-Variante gehörige PAR-Verfahren angewandt wird: Dann ist der BEVATON-Wert von e_1 gleich dem PAR-Wert von e_1. Ist eine der Vorbedingungen nicht erfüllt, ist der BEVATON-Wert Null.

Ein BEVATON-Wert ungleich Null gehört zu den paradigmatischen Resultaten der BEVATON-Anwendung. Ist der B-Wert richtig, so charakterisiert er die niedrigste Tonhöhenstufe, zu der e_1 bei dem Produzenten P von e_1 (also von e) gehört; vgl. hierzu § 7.4.

Man betrachte nun die zeitlich geordnete Folge E von Abschnitten von e, die bei der BEVATON-Anwendung durch die segmentierenden Teilverfahren gewonnen wurden und auf die das PAR-Verfahren angewandt wurde. Man betrachte die Folge aller zugeordneten PAR-Werte (also der BEVATON-Werte), in der Reihenfolge der Abschnitte von e, zu denen sie gehören. Sind alle Zahlen dieser Zahlenfolge richtige Resultate, so charakterisiert jede der Zahlen die niedrigste Tonhöhenstufe, zu welcher der Abschnitt von e gehört, dem die Zahl zugeordnet ist. Damit charakterisiert die Zahlenfolge selber eine Folge von Tonhöhenstufen. In dem Maße, wie die Abschnittsfolge E einer Stückelung von e nahekommt, ist die charakterisierte Folge von Tonhöhenstufen gleich der Melodie von e bei dem Produzenten P von e (vgl. hierzu § 6.1 sowie Lieb (i. ds. Bd.), § 2.4).

Es sei andererseits E die Folge von Abschnitten von e, die durch die Anwendung von SILB oder V-SILB entsteht, und E sei richtig. Es sei e_1 ein Glied von e und E_1 das Resultat einer Anwendung von ABS bzw. M-ABS auf e_1, und E_1 sei richtig. Es seien die BEVATON-Werte aller Glieder von e_1 richtig. Dann charakterisiert die Folge der BEVATON-Werte der E_1-Glieder eine Folge von Tonhöhenstufen, für die gilt: In dem Maße, wie E_1 einer Stückelung von e_1 nahekommt, ist die charakterisierte Folge von Tonhöhenstufen gleich der Melodie eines Silbensegments von e bei dem Produzenten P von e.

Bei einer Äußerung insgesamt liefert also eine BEVATON-Variante eine Charakterisierung der Melodie unabhängig davon, ob mit LAUT und SILB richtig segmentiert wurde: Die Begriffe der Stückelung und Quasistückelung sind laut- und silbenunabhängig (vgl. Lieb (i. ds. Bd.), § 2.4, sowie oben § 6.1). Ob jedoch bei einem Äußerungsteil eine *Silbensegment*-Melodie ermittelt wurde oder nicht, hängt natürlich davon ab, ob der Teil tatsächlich ein Silbensegment *ist*.

Ebenso ist es bei den syntagmatischen Verfahren SYN-SILB usw. für die Richtigkeit der Ergebnisse notwendig, daß zuvor richtig segmentiert wurde.

Sprachwissenschaftlich ist die Vorschaltung von Segmentierungsverfahren vor die Tonhöhenbestimmung wesentlich, da für Anschlußuntersuchungen - etwa zu syntaktischen Akzenten - die Zuordnung von Tonhöhenstufen zu Silben- oder auch Lautsegmenten im allgemeinen bekannt sein muß.

Wir haben in diesem Abschnitt wesentlich von dem Begriff des *richtigen* Ergebnisses im Sinne von § 0.5 Gebrauch gemacht. Er liegt auch dem Begriff der 'Gültigkeit' zugrunde, den wir jetzt zusammen mit einem 'Zuverlässigkeits'-Begriff einführen werden. Dabei wird der Begriff des BEVATON-Wertes ebenfalls herangezogen.

8.5 Zur Gültigkeit und Zuverlässigkeit der BEVATON-Varianten

Die *Gültigkeit* eines Verfahrens richtet sich allgemein danach, in welchem Maße seine Anwendungen zu richtigen Resultaten führen, zu Resultaten also, welche Zielobjekte der Anwendungen repräsentieren (s.o. § 0.5). Demgegenüber richtet sich die *Zuverlässigkeit* eines Verfahrens danach, in welchem Maße verschiedene Anwendungen bei denselben Eingabedaten zu denselben - richtigen oder falschen - Ergebnissen führen. Diese Unterscheidung, die sich mit etablierten nicht einfach deckt, soll im folgenden teilweise präzisiert werden.

Bei den Resultaten und Zielobjekten der Anwendung einer BEVATON-Variante haben wir zwischen *syntagmatischen* und *paradigmatischen* unterschieden, die jeweils gegeben sind durch die Anwendung der syntagmatischen bzw. paradigmatischen Teilverfahren. Entsprechend kann man bei einer BEVATON-Variante *syntagmatische* und *paradigmatische Gültigkeit* und *Zuverlässigkeit* trennen. Im folgenden wollen wir die *paradigmatische* Gültigkeit und Zuverlässigkeit erläutern. Wir beschränken uns dabei auf Idealfälle, nämlich *absolute* Gültigkeit und Zuverlässigkeit.

Eine BEVATON-Variante ist *paradigmatisch absolut gültig*, wenn beliebige Verfahrensanwendungen unter beliebigen Umständen stets zu BEVATON-Werten führen, die richtig - also Zielobjekte der gegebenen Anwendung - sind (zu "y" und "α" vgl. (8.4.1)):

(8.5.1) BEVATON-y ist *paradigmatisch absolut gültig* in α genau dann, wenn für alle e_1, e, M, P', R und H gilt: Ist B_y-$Wert_\alpha$ $(e_1,e,M,P',R,H) \neq 0$, so ist B_y-$Wert_\alpha(e_1,e,M,P',R,H)$ richtig.

Bei absoluter Gültigkeit führt die BEVATON-Variante also zu richtigen paradigmatischen Ergebnissen unabhängig von: den Ausgangsereignissen e und ihren Abschnitten e_1; den verwendeten BEVATON-Instrumenten (M,P',R) (also insbesondere unabhängig vom Experimentator P'); und den Verfahrensanwendungen H.

Eine BEVATON-Variante ist *paradigmatisch absolut zuverlässig*, wenn bei ihr verschiedene Anwendungen auf denselben Schallereignis-Abschnitt unter beliebigen Umständen zu denselben - richtigen oder falschen - BEVATON-Werten führen:

(8.5.2) BEVATON-y ist *paradigmatisch absolut zuverlässig* in α genau dann, wenn für alle e_1, (e,M,P',R,H) und (e',M',P",R',H') gilt: B_y-$Wert_\alpha(e_1,e,M,P',R,H)$ = B_y-$Wert(e_1,e',M',P'',R',H')$.

Bemerkung 1. Begriffe der *absoluten syntagmatischen Gültigkeit* und *Zuverlässigkeit* ließen sich in analoger Weise einführen, wobei syntagmatische Ergebnisse an die Stelle der B-Werte treten.

Bemerkung 2. Wir haben bisher allein die Einpersonenvarianten von BEVATON betrachtet, bei denen also ein einziger Experimentator P' sämtliche Teilverfahren anwendet, nicht aber Mehrpersonenvarianten mit mehreren Experimentatoren $P'_1 \ldots P'_n$ (zu der Unterscheidung vgl. § 0.4). Eine Verallgemeinerung der Gültigkeits- und Zuverlässigkeitsbegriffe auf beliebige Mehrpersonenvarianten ist kaum möglich, da die Verteilung der Experimentatoren auf die Teilverfahren variabel ist. Jedoch lassen sich analoge Begriffe wenigstens für die Zweipersonenvariante BEVATON-C-2 (s. § 8.2) leicht einführen (genau entsprechend auch für BEVATON-C'-2):

Zunächst wird der Begriff "BEVATON$_{C-2}$Wert$_{\alpha}$(e_1,e,M,P'_1,P'_2, R,H)" in Analogie zu (8.4.2) definiert, indem man "y" überall durch "C-2" ersetzt; in (ai) und (aii) nicht auf P', sondern auf P'_1 und P'_2 Bezug nimmt; und in (aiii) und (aiv) den Bezug auf P' durch Bezug auf P'_2 ersetzt. Absolute paradigmatische Gültigkeit und Zuverlässigkeit lassen sich dann für BEVATON-C-2 mit Hilfe des B_{C-2}-Wert-Begriffes in direkter Analogie zu (8.5.1) und (8.5.2) definieren. - Bemerkung 1 gilt entsprechend.

Bemerkung 3. Absolute Gültigkeit und Zuverlässigkeit sind natürlich unerreichbar. Für die Überprüfung von BEVATON-Varianten benötigen wir also Begriffe der *relativen* Gültigkeit und Zuverlässigkeit, wobei wir auf geeignete Begriffe der Testtheorie zurückgreifen können: Validität und Reliabilität.

Allerdings können testtheoretische Validitätsbegriffe nicht einfach als Begriffe der relativen Gültigkeit in unserem Sinne verstanden werden; vielmehr dürften sie in den Bereich dessen übergreifen, was wir relative Zuverlässigkeit nennen würden - wie weit man einen hohen Grad von Zuverlässigkeit als Anzeichen für einen hohen Grad von Gültigkeit betrachten darf, ist eine gesonderte, bei uns in keiner Weise vorentschiedene Frage. Die genaue Beziehung zwischen Validität und Reliabilität einerseits und Zuverlässigkeit andererseits kann hier offenbleiben, da eine Gültigkeitsprüfung von BEVATON-Varianten bisher nicht vorgenommen werden konnte; vgl. hierzu § 0.5 sowie § 7.4, am Schluß.

Bemerkung 4. Bei Richter (i. ds. Bd.) wird unmittelbar die *relative Zuverlässigkeit* von BEVATON-C-2 (allerdings ohne deutliche Trennung von BEVATON-C'-2) überprüft, wobei das Hauptgewicht auf der *paradigmatischen relativen Zuverlässigkeit* liegt (Begriffe der relativen Zuverlässigkeit sind in Anlehnung an die entsprechenden Begriffe der absoluten Zuverlässigkeit zu verstehen). Mittelbar sind die Ergebnisse auch für andere BEVATON-Varianten relevant, insbesondere für BEVATON-C und BEVATON-B.

Bei der Überprüfung wird die 'maschinelle Komponente' der BEVATON-Instrumente (M,P'_1,P'_2,R) - die hier an die Stelle der Einpersoneninstrumente (M,P',R) treten - konstant gehalten, d.h. in einem Sechstupel (e,M,P'_1,P'_2,R,H) - vgl. Bemerkung 2 - werden H und P'_2 variiert, nicht aber M, und übrigens auch nicht e und P'_1

(P_1' ist die LAUT und SILB anwendende Person, während P_2' M-ABS ohne LAUT sowie die Bestimmungsverfahren für Tonhöhen anwendet); damit variieren auch die Relationen in R nur insoweit, als P_2' zu ihren Gliedern gehört.

Abschließend soll nun die 'maschinelle Komponente' von B-Instrumenten beschrieben werden, mit besonderer Berücksichtigung der Instrumente, die in dem Berliner Projekt bisher benutzt worden sind.

9 Die maschinelle Komponente von BEVATON-Instrumenten

9.1 Allgemeine Kennzeichnung

Ein BEVATON-Instrument (für Einpersonenvarianten von BEVATON, s.o. § 0.4) ist ein Tripel (M,P',R), wo M eine Menge von maschinellen Teilen ist und R eine Menge von Relationen mit der Person P' oder Elementen von M als Gliedern. Unter *der maschinellen Komponente* von (M,P',R) werde das Paar (M_1,R_1) verstanden, wo M_1 = M und R_1 die größte Menge der Relationen in R ist, zu deren Gliedern P' *nicht* gehört. (Wenn im folgenden von *Subkomponenten* von (M_1,R_1) gesprochen wird, so sind damit bestimmte Paare (M_2,R_2) mit $M_2 \subset M_1$ und $R_2 \subset R_1$ gemeint.) Im vorliegenden Paragraphen 9 soll die maschinelle Komponente von BEVATON-Instrumenten eines gewissen Typs informell gekennzeichnet werden, eines Typs, zu dem die von uns bisher benutzten Instrumente gehören. Einzelangaben zu diesen Instrumenten finden sich in § 9.5.

Wir geben also nur hinreichende Bedingungen für die maschinelle Komponente von BEVATON-Instrumenten an, nicht jedoch hinreichend-und-notwendige: Insbesondere die apparative Ausstattung, an der wir uns faktisch bei unserer Darstellung orientieren, ist nicht die einzig denkbare, sie ist nicht einmal in allen Einzelheiten optimal. Damit bleibt unsere Kennzeichnung von BEVATON-Instrumenten - und somit des Verfahrens selber - an einem wichtigen Punkt unabgeschlossen.

Soweit angebracht, gehen wir bei der Darstellung der maschinellen Komponente (M_1,R_1) auch auf die Person P' ein; die Relationenmenge R des Instruments (M,P',R) wird also weitgehend gekennzeichnet.

Die maschinelle Komponente M (M-Komponente) eines BEVATON-Instruments (M,P',R) ist ein System zur Verarbeitung und Bewertung von Sprechschall-Ereignissen oder, wie wir i.f. gewöhnlich sagen, *Sprachsignalen*. (Den Ausdruck "Signal" verwenden wir - wie schon bisher - für Sprechschall-Ereignisse *und* ihre Kopien - s.o. § 1.1 - sowie für Abschnitte beider. Die Rolle von Transformaten, die keine Kopien sind - s.o. § 1.1. - bleibt i.f. meist implizit.)

Die M-Komponente umfaßt eine analoge und eine digitale Komponente. Die digitale Komponente ist weiterhin untergliedert in eine Hardware-Komponente und eine Software-Komponente.

Die analoge Komponente der M-Komponente dient der Vorverarbeitung von Sprachsignalen (Frequenzbandbegrenzung, Kalibrierung des Pegels) für die digitale Verarbeitung sowie der Ausgabe von Signalsegmenten und Referenzsignalen ('Vergleichstönen', s.o. § 1.4). Die digitale Komponente der M-Komponente ermöglicht die auditive Segmentierung des (digital gespeicherten) Sprachsignals, die Speicherung der Segmente und die halbautomatische Grundfrequenzanalyse. Die digitale Komponente arbeitet bei der digitalen Sprachsignalverarbeitung nur mit der Zeitbereichsdarstellung des Signals.

Zusammenfassend stellen wir fest: Die M-Komponente leistet die optische Darstellung des zu untersuchenden Sprachsignals (Amplitudendarstellung); die Ein- und Ausgabe des Signals sowie von beliebig festgelegten Signalsegmenten; die Erzeugung und Ausgabe von Referenzsignalen sowie die halbautomatische Grundfrequenzanalyse. Die Erzeugung von Referenzsignalen kann digital oder analog erfolgen.

Ein funktionales Blockdiagramm der M-Komponente findet sich auf der nächsten Seite. Es wird durch die folgenden Abschnitte erläutert.

9.2 Die analoge Komponente (A-Komponente)

Die Eingabe von Sprachsignalen erfolgt über ein Mikrophon oder ein Tonbandgerät. Es können beliebige Signalquellen verwendet werden, solange sie den Normwerten der Audio-Signalverarbeitung genügen.

Diagramm der M-Komponente

Eingabe

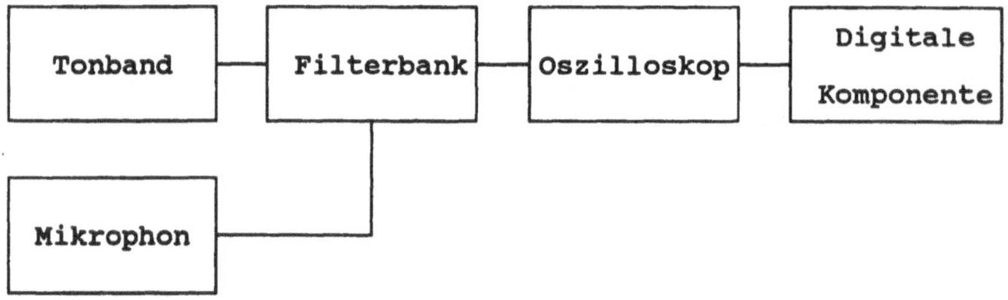

Ausgabe

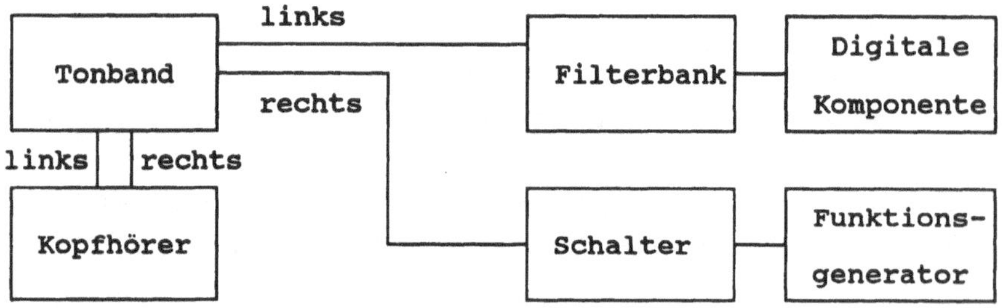

Zur digitalen Verarbeitung von analogen Signalen - auch Sprachsignalen - ist es notwendig, die zu verarbeitenden Signale zunächst durch ein Tiefpaßfilter zu leiten. Dieses Tiefpaßfilter hat eine obere Grenzfrequenz, die maximal die Hälfte der Abtastfrequenz des Analog/Digital-Wandlers (A/D-Wandler) betragen darf, um Fehlinterpretationen des Signals auf der digitalen Signalverarbeitungsebene zu vermeiden (Sampling-Theorem).

Weiterhin muß das tiefpaßgefilterte Sprachsignal für den Experimentator P' des B-Instruments auditiv voll interpretierbar sein, um die auditive Bestimmung der Segmentierung (LAUT, SILB, ABS) und die Perzeptionsurteile bezüglich der Tonhöhe (SYN-SILB, ABS, SYN-ABS, PAR) zu ermöglichen. Dafür ist ein Frequenzband erforderlich, das die hierfür relevanten Charakteristika des Sprachsignals überträgt. Das Frequenzband hat als untere Grenze 40 Hz (noch unter der Grundfrequenz einer tiefen Stimme) und als obere Grenzfrequenz 3,6 kHz. Somit beträgt die Abtastrate der digitalen Komponente mindestens 7,2 kHz. Die obere Grenzfrequenz und damit die Abtastrate sind Minimalwerte für die Anwendung von BEVATON.

Eine Filterbank übernimmt die Tiefpaßfilterung. Diese Filterbank erlaubt es weiterhin, den Pegel des Eingangssignals an die Eingangsgrenzwerte der digitalen Komponente anzupassen. Eine geringfügige Übersteuerung des Eingangs der digitalen Komponente führt zu erheblichen Verzerrungen der digitalen Sprachsignalverarbeitung. Ein Hochpaßfilter erlaubt die Unterdrückung von tieffrequenten Störsignalen (z.B. Netzbrummen), die eventuell auftreten können.

Das tiefpaßgefilterte Signal wird vor dem Eingang der digitalen Komponente über ein Oszilloskop graphisch dargestellt. Die ungefähre Abschätzung der Amplituden-Extremwerte erlaubt die Pegelanpassung des Signals für die digitale Komponente über den Pegelregler in der Filterbank. Ein hochwertiges Pegelanzeigemeter kann das Oszilloskop ersetzen. Da die Sprachaufnahmen (oder die Spracheingabe über Mikrophon) nicht einen einheitlichen Pegel aufweisen, ist diese vorläufige Abschätzung und Pegelanpassung notwendig.
Die digitale Komponente kann nur Pegel innerhalb bestimmter Grenzwerte verarbeiten.

Die A-Komponente umfaßt einen Funktionsgenerator, der die Referenzsignale für PAR erzeugt und somit als Tongenerator funktioniert. Die Frequenzen der Referenzsignale werden durch ein Stellrad auf dem Funktionsgenerator stufenlos eingestellt, die Frequenzbereiche werden durch einen Wahlschalter bestimmt. Weiterhin ist die Wellenform auswählbar (Sinus, Rechteck). Für BEVATON erscheint die Rechteckwellenform am geeignetsten. Der Ausgangspegel des Funktionsgenerators muß regulierbar sein, um an den Pegel der ausgegebenen Sprachsignalsegmente angeglichen werden zu können.

Die Signalausgabe der M-Komponente erfolgt über die Filterbank, einen Audioverstärker (der im Tonbandgerät integriert sein kann) und einen Stereokopfhörer. Die in der digitalen Komponente segmentierten Transformate des Sprachsignals werden über einen Digital/Analog-Wandler (D/A-Wandler) ausgegeben und mit der Filterbank tiefpaßgefiltert, um Störsignale der D/A-Wandlung zu unterdrücken. Die D/A-Wandlung der Ausgabe arbeitet mit der gleichen Abtastfrequenz wie die A/D-Wandlung (Eingabe in die digitale Komponente). Die Filterbank hat somit die gleiche obere Grenzfrequenz wie bei der A/D-Wandlung. Das Tonbandgerät dient als Stereoverstärker für den Kopfhörer. Es können mehrere Kopfhörer zur Ausgabe benutzt werden (oder auch Lautsprecher, falls ein entsprechender Audio-Stereoverstärker vorhanden ist).

Ein Funktionsschalter schaltet zwischen den Funktionen "Eingabe von Sprachsignalen" (bzw. Transformaten von Sprachsignalen) und "Ausgabe von Transformaten von Sprachsignalen". Weiterhin schaltet der Funktionsschalter ein durch den Funktionsgenerator erzeugtes Referenzsignal auf den Ausgang der M-Komponente (auf das Tonbandgerät und die Kopfhörer, über die Filterbank). Hierbei ist zu beachten, daß das Referenzsignal, das mit einer Ausgabe der digitalen Komponente verglichen wird, auf einen anderen Kanal des Stereotonbandgeräts (und somit Kopfhörers) gelegt werden kann als die Ausgabe der digitalen Komponente. Das Zuschalten des Signals vom Funktionsgenerator erfolgt über das Drücken einer Unterbrechertaste. Für die Ausgabe der M-Komponente eines BEVATON-Instrumentes ist ein zweikanaliges (stereophones) analoges System (Audioverstärker, Kopfhörer) sinnvoll, um unter Umständen das Referenzsignal und die Segmente des Sprachsignals binaural ausgeben zu können.

9.3 Die digitale Komponente: Hardware-Komponente (H-Komponente)

Die digitale Komponente (D-Komponente) besteht aus der Hardware-Komponente (H-Komponente) und der Software-Komponente (S-Komponente). Die H-Komponente ist die elektronische Grundlage der S-Komponente. Im Rahmen der Möglichkeiten der H-Komponente kann die S-Komponente bestimmte Verarbeitungsprozesse der H-Komponente strukturieren. Die Gestaltung der S-Komponente (Programmentwicklung, Software-Entwicklung) erlaubt einen äußerst flexiblen Einsatz von digitalen Systemen. Erst die digitale, EDV-gestützte Verarbeitung von Sprachsignalen ermöglicht die Anwendung eines Verfahrens wie BEVATON. Somit ist die D-Komponente der zentrale Teil der M-Komponente von BEVATON.

Die H-Komponente besteht aus einem Zentralprozessor; dem zugehörigen Arbeitsspeicher; einem Massenspeicher; einer Tastatur; einem grafikfähigen Bildschirm; einem grafikfähigen Drucker und einem A/D-D/A-Wandler; sowie den Ein/Ausgabeeinheiten für Bildschirm, Drucker und Tastatur. Die Datendurchsatzrate der einzelnen Komponenten sowie des gesamten Hardware-Systems muß die Verarbeitung digitalisierter Sprachsignale mit einer Abtastrate von mindestens ca. 8 kHz in Echtzeit ermöglichen. Die Speicherkapazität muß ebenfalls den Anforderungen der digitalen Sprachsignalverarbeitung genügen. Die Quantisierung der Sprachsignale sollte mindestens 8 Bit breit sein. Bei den zuvor genannten Werten benötigt man für die Speicherung von 1 Sekunde Sprachsignal ca. 7 kByte. Diese Werte sind Minimalwerte. Eine bessere Qualität der digitalen Speicherung ist durch eine breitere Quantisierung und eine höhere Abtastrate zu erreichen. Für die Zwecke von BEVATON sind die Minimalwerte ausreichend (die uns an der Freien Universität Berlin zur Verfügung stehende Hardware läßt keine wesentlich größeren Werte zu). Die durchschnittliche Dauer der bisher untersuchten Äußerungen beträgt ca. 3 Sekunden.

Der Bildschirm wie auch der Drucker weisen eine Auflösung der Grafik auf, die für die Segmentierung der Sprachsignale ausreichend ist. Die Tastatur als Eingabe- und Steuermedium für die gesamte D-Komponente sollte einer ASCII- oder DIN-Tastatur entsprechen, um komplexe Steuerungen der D-Komponente zu ermöglichen.

Die Segmentierung eines Sprachsignals erfolgt unter Zuhilfenahme der grafischen Bildschirmdarstellung sowie des grafischen Ausdrucks der Amplitudendarstellung des Signals. Über die Tastatur erfolgt die Steuerung der Eingabe, der Ausgabe, der Segmentierung sowie der grafischen Darstellung.

Die H-Komponente ist durch das folgende Diagramm (nächste Seite) zusammenfassend dargestellt.

9.4 Die digitale Komponente: Software-Komponente (S-Komponente)

Die S-Komponente bei BEVATON besteht aus der Benutzerschnittstelle für die Person P' (Steuerung sämtlicher Funktionen); dem A/D-Wandlerprogramm (Eingabe in die D-Komponente); dem D/A-Wandlerprogramm (Ausgabe aus der D-Komponente); dem Programm zur Verwaltung des Arbeitsspeichers; dem Programm für die grafische Bildschirmdarstellung und interaktive Segmentierung der Amplitudendarstellung des Sprachsignals; dem Programm für die Abspeicherung von Abschnitten des digitalisierten Sprachsignals; dem Programm für den grafischen Ausdruck der Amplitudendarstellung des Sprachsignals; dem Programm zur halbautomatischen Grundfrequenzbestimmung; sowie dem Monitorprogramm und dem Betriebssystem zur Verwaltung der elementaren Funktionen der H-Komponente.

Die Benutzerschnittstelle verarbeitet Eingaben der Tastatur und stellt Nachrichten der D-Komponente über den Bildschirm für den Benutzer dar. Den einzelnen Tasten (oder Sequenzen von einzelnen Tasten) sind Funktionen der D-Komponente zugeordnet. Die anderen Programme der S-Komponente werden über die Tastatureingabe aufgerufen und gesteuert. Bei der Segmentierung wird der Cursor auch über die Tastatur gesteuert.

Die A/D-D/A-Wandlungsprogramme erlauben, verschiedene Abtastraten einzustellen. Es stehen verschiedene Programme zur Verfügung, von denen einige mit einer 8 Bit breiten Quantisierung arbeiten, andere mit einer 12 Bit breiten Quantisierung.

Die Speicherverwaltung lädt die digitalisierten Sprachsignale in den Arbeitsspeicher und stellt die digitalisierten Daten für die weiteren Arbeitsschritte zur Verfügung.

Diagramm der H-Komponente

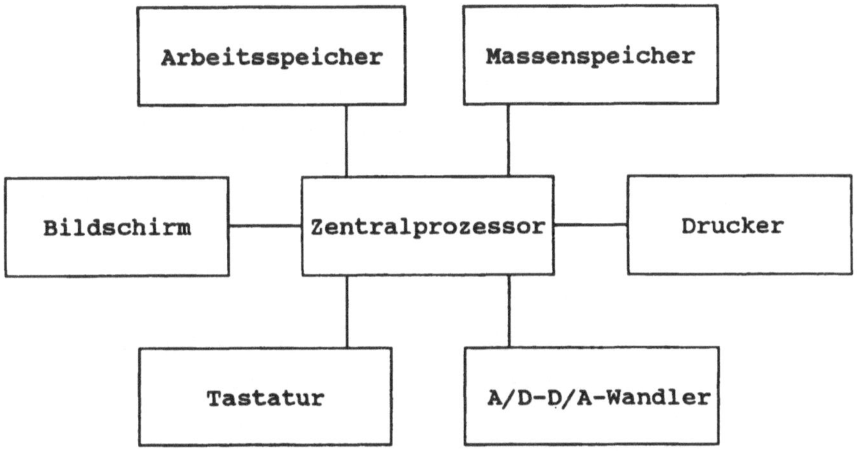

Das Programm für die Amplitudendarstellung des Sprachsignals stellt Abschnitte des Signals auf dem Bildschirm dar. Über die Tastatureingabe wird die Bildschirmdarstellung wie ein Fenster über die Amplitudendarstellung des gespeicherten Sprachsignals geschoben. Eine vertikale Achse dient als Markierung für Segmentierungsgrenzen (Cursor) für die Ein/Ausgabe oder Speicherung von Segmenten. Dieses Programm ist für alle Teilverfahren von BEVATON von grundlegender Bedeutung.

Die Abspeicherung von Segmenten erfolgt über die Speicherung der Anfangs- und Endwerte der Arbeitsspeicheradressen des untersuchten Sprachsignals. Wie die beliebige Segmentierung des Sprachsignals eine wesentliche Komponente von BEVATON ist, so ist auch die Speicherung der Segmentierung ein zentraler Bestandteil von BEVATON, bei dem die Eigenschaften der digitalen, EDV-gestützten Sprachsignalverarbeitung zur Geltung kommen. Es können beliebige, überlappende Segmente des Sprachsignals in beliebiger Reihenfolge ausgegeben werden (in Echtzeit). Analoge Sprachverarbeitungssysteme verfügen nicht über diese Möglichkeiten.

Die grafische Druckausgabe der Amplitudendarstellung des Sprachsignals verfügt prinzipiell über die gleiche Auflösung wie die Bildschirmdarstellung. Aus praktischen Gründen (Überblick über die grafische Darstellung) wird bei der Druckausgabe mit einer kleineren Auflösung gearbeitet als bei der Bildschirmausgabe. Die grafische Druckausgabe ist keine Hardcopy der Bildschirmdarstellung. Das Datenformat und die Erzeugung der Grafik bei der Bildschirmdarstellung ist grundsätzlich verschieden von den Datenformaten und der Erzeugung der Grafik bei der Druckausgabe. Es ist bei der Druckausgabe z.B. möglich, beliebig lange Zeichnungen zu erstellen (mehrere Seiten ohne Unterbrechung).

Die halbautomatische Grundfrequenzbestimmung ist ein Mustererkennungsverfahren, das mit der Amplitudendarstellung des Sprachsignals im Zeitbereich arbeitet. Das Verfahren wird als *halb*automatisch bezeichnet, da alle uns bekannten Verfahren zur automatischen F_0-Bestimmung - auch das für BEVATON verwendete - nicht völlig fehlerfrei arbeiten; die Fehlbestimmungen (ca. 3-5 %) werden dann durch die traditionelle, visuelle Bestimmung des Abstands der Führungsamplituden korrigiert. Das Verfahren selbst basiert auf der

Erkennung der Führungsamplituden und der Berechnung des Kehrwerts des Abstands aufeinanderfolgender Führungsamplituden. Dieses Grundfrequenzbestimmungsverfahren hat gegenüber frequenzbereichsorientierten Verfahren den Vorteil, daß die Genauigkeit der Bestimmung der Grundfrequenz nur von der Abtastrate der A/D-Wandlung abhängt und nicht von der Anzahl der Stützstellen einer Fouriertransformation. Zeitbereichsverfahren erlauben in wesentlich geringerer Zeit (Faktor 10-100) wesentlich genauere Grundfrequenzbestimmungen als Frequenzbereichsverfahren (bei gleichen Hardware- und Software-Voraussetzungen). Mit üblichen Frequenzbereichsverfahren (4096 Stützstellen) erreicht man eine Exaktheit der Grundfrequenzbestimmung (± 5 Hz), die für den Vergleich von BEVATON-Werten mit Grundfrequenzen nicht ausreicht, da auch Grundfrequenzunterschiede von 1-2 Hz relevant sein können bei der Wahrnehmung der Tonhöheneigenschaften von Sprachsignalen.

Das Betriebssystem und das Monitorprogramm unterstützen alle grundlegenden Operationen wie z.B. Booting oder Druckeransteuerung. Das Betriebssystem muß keine besonderen Merkmale aufweisen. Standardkonzepte aus diesem Bereich erfüllen die für BEVATON relevanten Aufgaben.

Die S-Komponente ist durch das folgende Diagramm (nächste Seite) zusammenfassend dargestellt.

9.5 Apparative Ausstattung der M-Komponente

Als Beispiel geben wir die Ausstattung an, die uns an der Freien Universität Berlin zur Verfügung steht.

Für die Eingabe des Sprachsignals dient ein Mikrophon Sennheiser MD 421, als Tonbandgerät ein Stereocassettenrecorder Awai F 330, der gleichzeitig den Ausgabeverstärker für die Stereokopfhörer bildet. Die Filterbank ist speziell für BEVATON an der Technischen Universität Berlin durch Manfred Krause und Manfred Höllmich gebaut worden. Die Filterbank verfügt über eine Pegelanpassung und eine Auswahl von mehreren Grenzfrequenzen für Hoch- und Tiefpaßfilterung. Der Funktionsgenerator stammt von der Firma Lodestar und kann Sinus- und Rechteckwellenformen im Bereich von 0 bis 100 000 Hz erzeugen. Der Funktionsschalter besteht aus einem einfachen, selbstgefertigten Metallgehäuse mit einem Druckknopf und zwei Kippschaltern.

Diagramm der S-Komponente

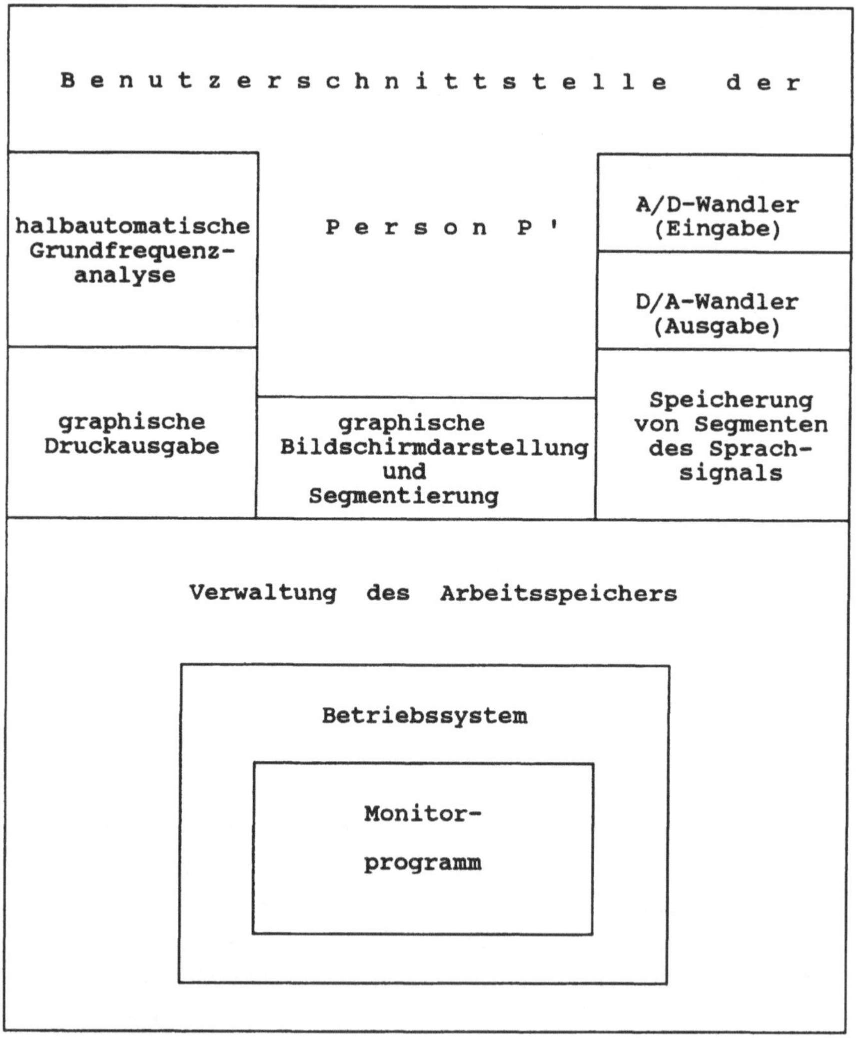

Die D-Komponente der M-Komponente besteht apparativ aus einem PSI-80-Prozeßrechner der Firma Kontron. Der Rechner ist mit einer Z-80A-Zentraleinheit von Zilog (4 MHz Taktfrequenz) ausgestattet, die einen Arbeitsspeicher von 64 KByte verwaltet. Als Hintergrundspeicher dienen zwei Floppy-Laufwerke mit jeweils 180 KByte Speicherkapazität sowie eine Harddisk mit 18 MByte Speicherkapazität (formatiert). Die Tastatur ist eine einfache ASCII-Tastatur. Der Bildschirm hat eine Diagonale von 9 Zoll und erlaubt in monochromer Darstellung (grün) eine Grafikauflösung von 256 x 256 Punkten. Als Drucker dient ein Itoh Matrixdrucker mit bidirektionalem Druck, Druckwegoptimierung und einem Traktor für Endlospapier (DIN A4). Die A/D-D/A-Wandlung ist über eine Wandlerkarte realisiert, die maximal 12 Bit breit auflöst und über eine maximale Abtastrate von 26,5 kHz verfügt.

Die S-Komponente der D-Komponente umfaßt das Betriebssytem KOS der Firma Kontron, das Grafikpaket PLOT 1.0 für die grafische Ausgabe auf den Drucker sowie das Programmsystem SPAS. Das Programmpaket PLOT 1.0 wurde von Kilian Golm (Freie Universität Berlin) im Auftrag entwickelt und erstellt, das Programmsystem SPAS (*S*prach-*A*nalyse-*S*ystem) von Rolf Haberbeck, wobei die SPAS-Programmteile für die grafische Bildschirmdarstellung, die Cursorsteuerung und die Speicherverwaltung von Dieter Stock (Universität Bonn) entwickelt und kostenlos zur Verfügung gestellt wurden. SPAS umfaßt alle zuvor dargestellten Funktionen wie z.B. Segmentierung, Speicherung der Segmente und Ein/Ausgabe des Sprachsignals.

Die apparative Ausstattung der Berliner M-Komponente erfolgte zu Beginn der achtziger Jahre mit der Vorgabe kostengünstiger Anschaffung. Die kommerziell verfügbaren Produkte entsprachen den Anforderungen von BEVATON noch nicht in allen Punkten. Es war deshalb nötig, die S-Komponente in spezieller Weise zu entwickeln. Das größte Problem war die geringe Kapazität des Arbeitsspeichers sowie die für Sprachsignalverarbeitung in Echtzeit zu geringe Datendurchsatzrate der Massenspeicher. Dadurch wurde es erforderlich, sämtliche Programme im Assemblercode zu schreiben und für gewisse Funktionen vollständig auf das Betriebssystem KOS zu verzichten, da der Arbeitsspeicher zu klein ist und die Massenspeicher zu langsam, um als Zwischenspeicher dienen zu können.

Anforderungen an den Experimentator P' brauchen hier nicht weiter erörtert zu werden. Sie ergeben sich z.T. aus den Verfahrensvoraussetzungen, die in den §§ 2 und 5 bis 8 für BEVATON bzw. für die einzelnen Teilverfahren formuliert wurden, z.T. aus der Verfahrensüberprüfung bei Richter (i. ds. Bd.) - als Experimentatoren sollte man 'routinierte Experten' wählen. Im übrigen vgl. man den folgenden Anhang, in dem praktische Erfahrungen mit BEVATON ausgewertet werden.

Abschließend möchten wir dem Wunsche Ausdruck geben, daß sich BEVATON mit seinen Varianten zu einem fruchtbaren Verfahren der Intonationsforschung entwickeln möge.

Anhang: Praktische Hinweise

Die folgenden Hinweise beruhen i.a. auf Erfahrungen, die Klaus Fenchel bei der Anwendung von BEVATON-C' (s.o. § 8.2) gesammelt hat. Fenchel hat etwa 150 Äußerungen, jede von etwa 3 sec Länge, analysiert. Zunächst werden noch einmal - andeutungsweise und informell - die Verfahrensschritte bei BEVATON-C' charakterisiert; anschließend werden die einzelnen Verfahrensschritte kommentiert. Für die Analyse wurde ein Protokollbogen entwickelt; bei einer Anwendung von BEVATON-C' auf eine gegebene Äußerung werden alle Resultate (d.h. die Resultate der Verfahren zur Tonhöhenbestimmung, s. § 8.1) auf einem einzigen Bogen festgehalten; die Segmentgrenzen, zu denen die Segmentierungsverfahren führen, sind auf dem Plot markiert.

A. VERFAHRENSSCHRITTE

1. Von dem Sprachsignal - der zu analysierenden Äußerung - wird ein Plot (ein ausgedrucktes grafisches Transformat, Amplitudendarstellung des Signals) hergestellt.

2. Das Sprachsignal wird auf dem Rechner digital gespeichert.

3. Es werden Silbensegmente bestimmt.

   Hierbei wird das mit Hilfe des Rechners reproduzierte Sprachsignal - besser: eine akustische Kopie des Signals - sowie seine Bildschirmdarstellung (ein Transformat dieses Signals) benutzt: Durch auditive Beurteilung akustischer, unter Rekurs auf die Bildschirmdarstellung erzeugter Kopien von Signalabschnitten werden Grenzen von Silbensegmenten ermittelt, wobei Lautsegmente nur an den Silbengrenzen festgestellt werden müssen. Man erhält größte Abschnitte des Sprachsignals, die als 'Realisierung' einer einzigen Silbe gehört werden.

   Es sei e_i ein Glied der zeitlich geordneten Folge dieser Abschnitte.

4. Die Grenzen von e_i werden auf dem Plot notiert.

5. Es sei e_i nicht-erstes Glied der Segmentfolge und e_{i-1} das unmittelbar vorhergehende Glied. Es seien sowohl e_{i-1} als auch e_i für den Experimentator tonhöhenfähig. Es wird die Tonhöhenrelation ('klingt höher als', 'klingt tiefer als', 'klingt weder höher noch tiefer als') zwischen e_{i-1} und e_i bestimmt. Hierzu werden Kopien von e_{i-1} und e_i - unter Ausschluß ihres Kontextes im Sprachsignal - direkt nacheinander erzeugt.

6. Die Tonhöhenrelation für e_{i-1} und e_i wird auf dem Protokollbogen vermerkt.

7. Nach dem Richter-Algorithmus (s.o. § 6.4) wird unter Benutzung von Kopien und Transformaten von e_i eine - u.U. eingliedrige, auf e_i beschränkte - Folge von Abschnitten von e_i ermittelt, bei der für alle Abschnitte von e_i gilt: Der Experimentator hört auf ihnen keine Tonhöhenänderung.

   Falls der Experimentator auf e_i selber eine Tonhöhenänderung hört, werden innerhalb von e_i zunächst noch fehlende - nicht-erste und nicht-letzte - Lautsegmente ermittelt (die Protokollierung auf dem Plot schließt die Kennzeichnung durch passende phonetische Zeichen ein). Durch den Richter-Algorithmus wird dann e_i eine Folge von Abschnitten von e_i zugeordnet, bei der jeder Abschnitt Teil eines der Lautsegmente ist und bei der auf keinem Abschnitt eine Tonhöhenänderung gehört wird.

8. Es sei e_{i_j} ein nicht-erstes Glied der Folge zu e_i. Dann wird in Analogie zu den Schritten 5 und 6 die Tonhöhenrelation zwischen dem unmittelbar vorhergehenden Glied $e_{i_{j-1}}$ und e_{i_j} festgestellt und auf dem Protokollbogen vermerkt.

9. Es sei e_{i_j} ein beliebiges Glied der Folge zu e_i. Nach Ausführung von (8), soweit anwendbar, wird durch PAR-A' der $PAR_{A'}$-Wert und damit der BEVATON-C'-Wert in Hz von e_{i_j} festgestellt (vgl. hierzu oben die §§ 7.4 und 8.4) und auf dem Protokollbogen notiert. (Es sei daran erinnert, daß der wesentliche Gedanke bei PAR-A und PAR-A' darin besteht, Kopien von e_{i_j} mit je zwei durch den Funktionsgenerator erzeugten Referenztönen auditiv zu vergleichen.)

10. [Dieser Schritt gehört strenggenommen nicht zu den BEVATON-C'-Schritten]. Mit Hilfe der Eintragungen auf dem Plot wird für e_i die Dauer berechnet und für jedes Glied e_{i_j} der e_i-Folge die Dauer sowie die Grundfrequenz. (Natürlich können automatische oder halbautomatische Verfahren verwendet werden, soweit verfügbar. Das halbautomatische Verfahren zur Grundfrequenzanalyse stand anfangs nicht zur Verfügung. Zur Grundfrequenzberechnung vgl. oben § 9.4.)

11. Auf dem Protokollbogen werden Besonderheiten vermerkt, welche die Aufnahmequalität oder akustische Besonderheiten betreffen.

B. BEMERKUNGEN

Zu 1 und 2

Es ist auf eine korrekte Aussteuerung zu achten, da bei zu kleiner oder zu großer Amplitude des Sprachsignals der Plot nur schwer seine Aufgabe im Verfahren erfüllen kann. Ebenso ist korrekte Aussteuerung wichtig für die digitale Speicherung des Signals.

Zu 3

Es ist zu beachten, daß die optische Information über den Sprachsignalverlauf nur vorläufige Anhaltspunkte für die Segmentierung liefert. Die Segmentierung selber erfolgt auf rein auditiver Basis. In bestimmten Fällen wäre es ohnehin unmöglich, Segmentgrenzen visuell zu bestimmen, da alle visuellen Anhaltspunkte fehlen. Dies gilt zum Beispiel für die Abtrennung des silbischen [m]-Segmentes in dem [gəkɔmm̩]-Teil von Äußerungen eines Satzes wie *Der alte Mann ist gekommen.* Bei den in Berlin untersuchten Äußerungen gibt es so gut wie nie einen visuellen Anhaltspunkt für die Abtrennung. Trotzdem war es für Klaus Fenchel auch in diesen Fällen unproblematisch, ein klares auditives Urteil über die Segmentgrenze zu fällen. Bei Wiederholungsversuchen mit derselben Äußerung lagen die Segmentgrenzen stets dicht beieinander.

Allerdings sind in solchen Fällen interpersonelle Schwankungen zu erwarten.

Zu 4

Da die Plot- und die Bildschirmdarstellung des Sprachsignals weitgehend übereinstimmen, ist die Übertragung der Segmentgrenzen auf den Plot unproblematisch. Der starke Rückgriff auf den Plot ist z.T. durch Mängel der Berliner apparativen Ausstattung bedingt; s.o. § 9.5.

Zu 5 und 6

Die Bestimmung der Tonhöhenrelation stellt im allgemeinen kein Problem dar. Voraussetzung ist allerdings, daß es beim Hören gelingt, Unterschiede in der Lautstärke von Unterschieden in der Tonhöhe zu trennen. Man beachte, daß bei SYN-SILB nach der Tonhöhenrelation zwischen Silbensegmenten als ganzen gefragt wird, unabhängig von innersilbischen Tonhöhenänderungen. - Die Notierung der Ergebnisse ist unproblematisch.

Zu 7

a. Für das Operieren des Richter-Algorithmus ist eine Segmentierung in Lautsegmente nur bei *den* Silbensegmenten erforderlich, auf denen der Experimentator eine Tonhöhenänderung hört. Bei BEVATON-C' werden die Silbensegmente durch V-SILB bestimmt, also mit einer Bestimmung von Lautsegmenten allein an den Silbengrenzen (s.o. § 5.6). Nur bei den Silbensegmenten, auf denen eine Tonhöhenänderung gehört wird, müssen auch die übrigen Lautsegmente bestimmt werden.

b. Der Richter-Algorithmus zielt auf Abschnitte ab, auf denen eine Tonhöhenänderung nicht mehr gehört wird. Es kann jedoch auch der Fall eintreten, daß zwar eine Änderung noch gehört wird, beim Weitersegmentieren jedoch keine Abschnitte mehr gewonnen werden, für die gilt: Wenigstens einer klingt für den Experimentator höher als ein anderer (insbesondere können die Teilabschnitte zu kurz sein, um überhaupt noch einen Tonhöheneindruck hervorzurufen - sie sind nicht mehr tonhöhenfähig). Es handelt sich bei den Ausgangsabschnitten i.a. um sehr kurze Abschnitte, auf denen zwar noch ein Gleitlaut gehört wird, bei denen sich aber die Richtung der Tonhöhenänderung nicht mehr feststellen läßt ('ungerichtetes Gleitlaut-Segment'). Will man auch solche Abschnitte erfassen, so muß beim Richter-Algorithmus die Definition der Funktion B in § 6.3 [0.5], geändert werden: Gefragt wird nicht mehr, ob der Experimentator eine Tonhöhenänderung wahrnimmt, sondern ob der Abschnitt bei ihm *tonhöhenkonstant* im Sinne von (6.1.3) in § 6.1 ist. Die Schwierigkeit verschwindet bei BEVATON-Varianten, die von vornherein auf ABS statt M-ABS zurückgreifen; vgl. hierzu § 6.5.

Zu 8

a. Man beachte, daß die Anwendung des Richter-Algorithmus im 7. Schritt und die Anwendung von PAR-A' im 8. ineinandergeschachtelt sind: Sobald durch ABS ein Abschnitt gewonnen ist, wird durch PAR-A' sein BEVATON-Wert bestimmt. Diese Schachtelung hat praktische Gründe (s. auch oben § 8.3).

b. Die folgenden *apparativen Schwierigkeiten*, die für Klaus Fenchel bei der Bestimmung von BEVATON-Werten entstanden, resultieren nicht aus allgemeinen Mängeln von B-Instrumenten, sondern aus Unzulänglichkeiten der apparativen Ausstattung in Berlin:

(i) Der verwendete Tongenerator war relativ ungenau. Bei der Umschaltung vom Faktor 1 auf den Faktor 10 zeigte sich: Wurde in beiden Meßbereichen eine Frequenz von 200 Hz eingestellt, so ergab sich ein starker Frequenzsprung. Dieses Problem konnte gelöst werden, indem eine feste Umschaltfrequenz festgelegt wurde (200 Hz), die Abweichung ermittelt wurde und die abgelesenen Frequenzen wo nötig umgerechnet wurden.

(ii) Auf dem Generator kann jeweils nur eine Frequenz eingestellt werden. Eingestellte Frequenzen konnten aber nicht gespeichert werden. Damit konnten die Referenztöne, mit denen eine gegebene Kopie des Sprachsignal-Segments verglichen wurde, auch nicht wiederholt abgerufen werden.

c. Bedeutsamer sind die folgenden *perzeptuellen Schwierigkeiten:*

(i) Bei 'ungerichteten Gleitlaut-Segmenten' (s.o. Zu 7, (b)) ist inter- und intrapersonell mit Urteilsvariation zu rechnen. Die Grundfrequenz ändert sich i.a. innerhalb eine solchen Segments. Bei einer vorauszusetzenden Beziehung zwischen Grundfrequenz und Tonhöhenwahrnehmung könnten sich verschiedene Personen in dem Segment unterschiedlich orientieren, nach den Grundfrequenzeigenschaften am Anfang, in der Mitte oder zum Ende hin oder nach einem Mittelwert. Experimente hierzu wurden in Berlin nicht angestellt.

(ii) Bei PAR-A muß die Kopie des Sprachsignalsegments zu *zwei* unmittelbar folgenden Schallereignissen auditiv in Beziehung gesetzt werden; auch bei dem dritten muß das erste noch erinnert werden; dies stellt Anforderungen an das Erinnerungsvermögen. Bei PAR-A' ist die Lage nicht grundsätzlich anders: Die Kopie des Sprachsignalsegments wird zwar *zwischen* den beiden Vergleichstönen erzeugt, bei dem zweiten Vergleichston müssen aber immer noch der erste Vergleichston sowie die Kopie des Segments erinnert werden. PAR-B ist in dieser Hinsicht weniger anspruchsvoll. Bei einem halbwegs geübten Gehör und einiger Routine werden jedoch die Schwierigkeiten bei PAR-A' (und auch bei PAR-A) überwunden. Einem gegebenen Experimentator können allerdings nicht nur PAR-B einerseits und PAR-A andererseits unterschiedlich gut liegen, sondern auch PAR-A und PAR-A'.

(iii) Die Vergleichstöne, die der Funktionsgenerator erzeugt, haben im Gegensatz zu den Sprachsignalabschnitten und ihren Kopien keine Obertöne. Die entsprechenden auditiven Unterschiede können als Unterschiede in der Klangfarbe beschrieben werden. Durch den Tongenerator lassen sich wahlweise Sinus- oder Rechteckschwingungen erzeugen. Beide unterscheiden sich erheblich von der Klangfarbe menschlicher Stimmen (die Sinusschwingung noch mehr als die Rechteckschwingung). Es ist daher notwendig, bei der Tonhöhenbestimmung von der Klangfarbe der zu vergleichenden Töne zu abstrahieren.

Ferner ist es notwendig, Lautstärkeeigenschaften von Tonhöheneigenschaften unterscheiden zu können. Beides kann jedoch in einem gewissen Maße geübt werden; es scheint allerdings, daß verschiedene Personen hier unterschiedlich gute Fähigkeiten besitzen.

(iv) Bei der Zuschreibung des BEVATON-Wertes kommt es besonders bei noch ungeübten Experimentatoren öfters vor, daß sich der BEVATON-Wert im Oktav- oder Quintabstand zu einem Wert befindet, der von den Grundfrequenzeigenschaften des Signals her zu erwarten wäre.

(v) Hat die Kopie eines Äußerungsabschnitts für einen Experimentator P' keinen Einzeltoncharakter, so wird PAR-A' auf den Abschnitt nicht angewandt (s.o. § 7.3). Ein solcher Abschnitt - auf dem P' gewöhnlich 'zwei Töne im Oktavabstand' hört - kann jedoch für einen anderen Experimentator P" durchaus Einzeltoncharakter haben. Als BEVATON-Wert bei P" darf man anscheinend das geometrische Mittel der Werte erwarten, die bei P' auftreten, wenn P' die Verfahrensschritte von PAR bei dem Äußerungsabschnitt zweimal durchführt und sich das erste Mal an dem einen, das zweite Mal an dem anderen 'gehörten Ton' orientiert. Zur Erklärung von Urteilsvarianzen - hier zwischen P' und P" - scheint es zweckmäßig, Abschnitte ohne Einzeltoncharakter besonders kenntlich zu machen.

Zu 9

Es gelten sinngemäß die Bemerkungen zu 5 und 6. Auf den hier verglichenen Signal-Segmenten hört der Experimentator natürlich keine Tonhöhenänderung mehr.

Zu 10

Die Berechnung von Segmentdauer und Grundfrequenz stellt kein Problem dar. Allerdings muß man für die Grundfrequenz gelegentlich einen 'repräsentativen' Segment*abschnitt* wählen, da die Realisierungen stimmloser Konsonanten gewöhnlich und Wortsegment-Anfänge oder -Enden oft nicht-periodisch sind. - Bei Anwendung eines automatischen Verfahrens ist die Fehlerhaftigkeit aller bekannten Verfahren zu beachten. Wenn es auf Genauigkeit ankommt, ist bei automatischen Verfahren eine Nachedierung vorzunehmen oder es sind überhaupt nicht-automatische, grafisch basierte Verfahren vorzuziehen.

Allgemeine Hinweise

Die Abhörtätigkeit ist sehr anstrengend. Wenn möglich sollte man eine Äußerung in einem Durchgang analysieren. Bei einer Äußerungslänge von 2 bis 3 sec und bei einiger Übung ist dies in 30 bis 60 Minuten möglich, wobei die Zeit für Erstellung der Plots und die Berechnung von Segmentdauer und Grundfrequenz noch hinzukommt. Danach sollte eine Pause eingelegt werden, da sich die Fähigkeit zu auditiven Urteilen bei Dauerbelastung erheblich verschlechtert. Eine maximale Arbeitszeit von vier Stunden am Tag - dies entspricht der Bearbeitung von zwei Äußerungen einschließlich Ploterstellung und (nicht-automatischer) Berechnung von akustischen Werten - hat sich als sinnvoll erwiesen.

ZITIERTE LITERATUR

Haberbeck, Rolf. 1983. Grundfragen der Satzintonation des Deutschen. (Forschungsbericht. Unv. Magisterarbeit, Freie Universität Berlin, FB Germanistik.)

't Hart, J. 1984. A phonetic approach to intonation: from pitch contours to intonation patterns. In: Intonation, accent and rhythm. Studies in discourse phonology, hg. von Dafydd Gibbon, Helmut Richter, 193-202. Berlin u. New York, de Gruyter.

Hess, W. 1983. Pitch determination of speech signals. Algorithms and devices. Heidelberg usw., Springer.

Knetschke, Edeltraud, Margret Sperlbaum. 1987. Zur Orthoepie der Plosiva in der deutschen Hochsprache. Eine auditiv-komparative Untersuchung. (Phonai. Lautbibliothek der deutschen Sprache 33.) Tübingen, Niemeyer.

Lieb, Hans-Heinrich. 1983. Integrational Linguistics. Vol. I: General outline. (CILT 17.) Amsterdam, Benjamins.

\- 1987. Sprache und Intentionalität: der Zusammenbruch des Kognitivismus. In: Sprachtheorie. Der Sprachbegriff in Wissenschaft und Alltag. Jahrbuch 1986 des Instituts für deutsche Sprache, hg. von Rainer Wimmer, 11-76. (Sprache der Gegenwart LXXI.) Düsseldorf, Schwann.

Searle, John R. 1983. Intentionality. An essay in the philosophy of mind. Cambridge usw., Cambridge University Press.

\- 1984. Minds, brains, and science. Cambridge, Mass., MIT Press.

DIE ZUVERLÄSSIGKEIT VON BEVATON

Brigitte Richter
Berlin (West)

1 Allgemeine Vorbemerkungen

BEVATON als Verfahren ist in Lieb und Haberbeck (i. ds. Bd.) dargestellt. Für die folgenden Untersuchungen sind einige Punkte besonders wichtig, auf die ich hier einleitend nochmals eingehen möchte.

Wie bei Lieb und Haberbeck (§ 1.2) dargelegt, entstehen die einzelnen Varianten von BEVATON durch Verknüpfung von *Segmentierungsverfahren* (LAUT, SILB bzw. V-SILB, ABS bzw. M-ABS) mit *Bestimmungsverfahren für Tonhöhen*. Bei den Bestimmungsverfahren lassen sich *syntagmatische* oder *Vergleichsverfahren* (SYN-SILB, SYN-ABS bzw. SYN-M-ABS) und *paradigmatische* oder *Charakterisierungsverfahren* (PAR-A bzw. PAR-A' bzw. PAR-B) unterscheiden.

Die *Eingabedaten* für beliebige BEVATON-Varianten sind normale Äußerungen von silbischen Wörtern oder von Sätzen. Die syntagmatischen Teilverfahren sollen in einer solchen Äußerung aufeinanderfolgende 'Silbensegmente' - Resultate der Anwendung von SILB - bzw. aufeinanderfolgende Abschnitte eines Silbensegments tonhöhenmäßig vergleichen; die paradigmatischen Verfahren sollen gewissen Abschnitten einer solchen Äußerung Zahlenwerte zuordnen, die jeweils die - auditiv bestimmte - Tonhöhenstufe charakterisieren, zu der ein Abschnitt gehört.

Genauer muß man in diesem Zusammenhang zwischen Zielobjekten und Resultaten unterscheiden:

Als *Zielobjekte* und *Resultate* der Anwendung einer BEVATON-Variante gelten nach Lieb und Haberbeck (§ 8.2) allein die Zielobjekte und Resultate von Anwendungen von Bestimmungsverfahren für Tonhöhen - also nicht von Segmentierungsverfahren -, und zwar solcher Anwendungen, die in der Anwendung der BEVATON-Variante enthalten sind.

In Lieb und Haberbeck (§ 8.5) werden für beliebige BEVATON-Varianten mehrere Begriffe der *absoluten Zuverlässigkeit* eingeführt, bei denen die genannte Auffassung von BEVATON-Resultaten vorausgesetzt ist: Es wird - zunächst für 'Einpersonenvarianten' von BEVATON (Lieb und Haberbeck § 0.4) - zwischen *absoluter paradigmatischer* und *absoluter syntagmatischer Zuverlässigkeit* einer BEVATON-Variante unterschieden und insbesondere die absolute paradigmatische Zuverlässigkeit folgendermaßen bestimmt (8.5.2): Eine BEVATON-Variante ist *paradigmatisch absolut zuverlässig*, wenn gilt: Bei einem gegebenen Abschnitt eines Eingabedatums für die Verfahrensvariante führen beliebige Anwendungen der Variante mit beliebigen BEVATON-Instrumenten stets zu demselben BEVATON-Wert. "B(EVATON)-Instrument" und "B(EVATON)Wert" seien hier kurz erklärt.

Bei einer 'Einpersonenvariante' ist ein *B-Instrument* so beschaffen, wie bei Lieb und Haberbeck (§ 9) dargestellt: Es umfaßt eine Menge von maschinellen Teilen (Hardware und Software), eine anwendende Person - den 'Experimentator' - und eine Menge von Beziehungen, die zwischen den maschinellen Teilen oder zwischen diesen und dem Experimentator bestehen. Bei einer 'Mehrpersonenvariante' tritt ein n-tupel von Personen ($n > 1$) an die Stelle eines einzelnen Experimentators; jede wendet wenigstens ein Teilverfahren und keine wendet alle Teilverfahren an.

Bei einer Einpersonenvariante BEVATON-y ist der *B_y-Wert*, der sich für einen Abschnitt eines Eingabedatums (also einer Äußerung eines silbischen Wortes oder eines Satzes) bei einer Verfahrensanwendung ergibt, gleich seinem *PAR_x-Wert*. Dabei ist PAR-x *das* paradigmatische Bestimmungsverfahren, das in BEVATON-y enthalten ist, also PAR-A, PAR-A' oder PAR-B (x = "A", "A'" oder "B"), und der PAR_x-Wert des Äußerungsabschnitts ist *die* Zahl, für die gilt: Sie wird dem Abschnitt durch die PAR-x-Anwendung zugeordnet, die in der BEVATON-y-Anwendung enthalten ist. Im einzelnen vgl. man hierzu Lieb und Haberbeck (§§ 8.4 und 7.4).

Ist also eine BEVATON-Variante paradigmatisch absolut zuverlässig, so gilt: Für einen gegebenen Abschnitt eines Eingabedatums erhalten wir bei jeder Anwendung denselben B-Wert (relevanten PAR-Wert), unabhängig von dem benutzten BEVATON-Instrument.

Die Verhältnisse bei *absoluter syntagmatischer Zuverlässigkeit* sind ganz analog: Bei jeder Anwendung der BEVATON-Variante liefern die mitangewandten syntagmatischen Verfahren dieselben Ergebnisse, d.h. die Urteile über Höher, Tiefer oder Gleichhoch sind immer dieselben, unabhängig von dem benutzten BEVATON-Instrument.

Absolute Zuverlässigkeit hat u.a. die folgenden wesentlichen Aspekte: Das Verfahren ist *interpersonell absolut zuverlässig*, und es ist *intrapersonell absolut zuverlässig*. Das erste bedeutet: Wird das benutzte BEVATON-Instrument durch ein anderes ersetzt, indem man den (oder einen) Experimentator austauscht, so bleiben die Resultate bei Anwendung des Verfahrens unverändert. Das zweite bedeutet: Wendet derselbe Experimentator das Verfahren mehrfach an, so ergeben sich stets dieselben Resultate.

Relative Zuverlässigkeit, sei sie nun *paradigmatisch* oder *syntagmatisch*, kann informell verstanden werden als das Maß der Annäherung an absolute Zuverlässigkeit. Um diesen Gedanken zu präzisieren, wird man auf geeignete Begriffsbildungen der Statistik zurückgreifen.

Absolute Zuverlässigkeit ist praktisch unerreichbar. Es wurde deshalb die relative Zuverlässigkeit der BEVATON-Varianten getestet; die Untersuchung wird im folgenden dargestellt.

2 Vorbemerkungen zu den Tests

Für die Untersuchung wurden zwei Tests durchgeführt, gemäß den beiden Hauptaspekten der Zuverlässigkeit, jedoch mit besonderer Betonung des interpersonellen Aspektes. Jeder Test erfaßt die syntagmatische ebenso wie die paradigmatische Zuverlässigkeit. Die Funktion der Tests und ihre Darstellung in den Paragrafen 2 bis 9 sind in dem folgenden Schema (s. nächste Seite) erfaßt.

Es war selbstverständlich ausgeschlossen, die relative Zuverlässigkeit sämtlicher BEVATON-Varianten zu prüfen, die bei Lieb und Haberbeck (§§ 8.1f) unterschieden werden. Den Ausgangspunkt der Überlegungen bildeten die Varianten BEVATON-C und -C', die vor Durchführung der Tests als einzige in größerem Umfang angewandt waren (zu diesen Varianten vgl. ausführlicher Lieb und Haberbeck, § 8.2).

Aspekt / Art	inter-personell	intra-personell
syntagmatisch	Test 1	Test 2
paradigmatisch		
Darstellung	§§ 2 - 8,10	§§ 9, 10

Tab. 0: Prüfung der relativen Zuverlässigkeit

Bei allen BEVATON-Varianten hängen die Resultate, die durch Verfahren zur Tonhöhenbestimmung gewonnen werden, von den Resultaten ab, zu denen die vorherige Anwendung der Segmentierungsverfahren geführt hat. Jedoch sind die Resultate, zu denen die Anwendung einer BEVATON-Variante führt, gleich den Resultaten, die sich bei Anwendung der Verfahren zur Tonhöhenbestimmung ergeben; diese Verfahren sollten daher im Mittelpunkt der Überprüfung stehen. Es wurden deshalb zwei Entscheidungen getroffen.

Punkt 1. Allen Versuchspersonen bei Test 1 (interpersonelle Zuverlässigkeit) werden dieselben Segmentierungen nach V-SILB und, soweit nötig, nach LAUT vorgegeben.

Damit wird faktisch nicht eine Einpersonenvariante von BEVATON, sondern eine Zweipersonenvariante zugrunde gelegt: Der Versuchsleiter ist der Experimentator für V-SILB und LAUT, die einzelne Testperson der Experimentator für M-ABS, SYN-SILB und PAR-A bzw. PAR-A'.

Punkt 2. Der Einfluß unterschiedlicher Segmentierungen nach M-ABS (Test 1: bei verschiedenen Testpersonen, Test 2: bei verschiedenen Anwendungen durch dieselbe Person) auf die PAR_A- bzw. $PAR_{A'}$-Werte von Silbensegment-Abschnitten wird bei Test 1 (im Prinzip auch bei Test 2) durch Berechnung eines zeitgewichteten Wertes für das ganze Silbensegment neutralisiert. Dieser Wert geht dann in die weitere statistische Analyse ein. (Einzelheiten s.u. §§ 6f.)

Da sich SYN-SILB und SYN-M-ABS nur in den Segmenten unterscheiden, die tonhöhenmäßig verglichen werden, entschieden wir uns weiter für

Punkt 3. SYN-M-ABS wird vernachlässigt.

Die Unterschiede zwischen PAR-A und PAR-A' sind ebenfalls geringfügig; sie betreffen nur die Reihenfolge, in der Sprachsignal und Referenztöne dargeboten werden. Der folgende Punkt ist deshalb vertretbar:

Punkt 4. Testpersonen, die eine BEVATON-Variante mit PAR-A anwenden, und Testpersonen, die eine Variante mit PAR-A' anwenden, können für ein und denselben Test zugelassen werden.

Dies ist bei Test 1 tatsächlich geschehen, obwohl es zunächst nicht so geplant war. PAR-A- und PAR-A'-bezogene Unterschiede ließen sich bei den Ergebnissen nicht feststellen, weshalb die Ergebnisse auch gemeinsam ausgewertet werden durften.

Unter Berücksichtigung dieser vier Punkte können die folgenden BEVATON-Varianten als überprüft gelten (vgl. wieder Lieb und Haberbeck (§ 8.2)):

Durch Test 1: BEVATON-C-2 und -C'-2

Durch Test 2: BEVATON-C

Die Überprüfung ist allerdings unvollständig in doppelter Hinsicht.

1. Durch Test 1 wird eine Variation von syntagmatischen oder paradigmatischen BEVATON-Resultaten aufgrund von Unterschieden bei den vorhergehenden Segmentierungen *nicht* geprüft.

2. SYN-M-ABS-Resultate bleiben unberücksichtigt.

Mit entsprechenden Einschränkungen dürfen die Ergebnisse der Untersuchung auch für die übrigen BEVATON-Varianten (Lieb und Haberbeck §§ 8.1f) als aussagekräftig gelten. Alle BEVATON-Varianten unterscheiden sich nämlich nur wenig in den Teilverfahren zur Tonhöhenbestimmung, stärker in den Segmentierungsverfahren und in deren Verzahnung mit den Verfahren zur Tonhöhenbestimmung.

Von den paradigmatischen Verfahren zur Tonhöhenbestimmung sind allerdings nur PAR-A und PAR-A' in den Tests erfaßt. Jedoch wird bei Lieb und Haberbeck (§ 1.5) argumentiert, daß die Zuverlässigkeit von PAR-B nicht geringer sein kann als die Zuverlässigkeit von PAR-A oder PAR-A'; dasselbe gilt dann auch für BEVATON-Varianten mit PAR-B einerseits und entsprechenden Varianten mit PAR-A oder PAR-A' andererseits.

Für das Verständnis der folgenden Tests möge man sich den Aufbau der BEVATON-C- bzw. -C'-Varianten (Lieb und Haberbeck § 8.2) vergegenwärtigen; hierzu kann auch die informelle Darstellung einer BEVATON-C'-Anwendung dienen, die den Teil A des Anhangs in Lieb und Haberbeck bildet.

Die untersuchten BEVATON-Varianten sind oben genauer bezeichnet. Buchstabenindizes wie "C" werden deshalb im folgenden überall weggelassen; ebenso schreibe ich einfach "PAR" statt "PAR-A" und "PAR-A'".

3 Test 1: Interpersonelle Zuverlässigkeit

TESTZIELE

Der Testperson wurden zwei sprachliche Äußerungen (i.f. *Testäußerungen*) vorgelegt mit der Aufgabe, nach BEVATON die Verfahren

SYN-SILB (Beurteilung zweier aufeinanderfolgender Silben nach den Kriterien 'höher' - 'tiefer' - 'weder höher noch tiefer' und

M-ABS mit PAR (Segmentierung der sprachlichen Äußerung in Abschnitte mit jeweils gleichbleibendem Tonhöheneindruck und Zuordnung der entsprechenden BEVATON-Werte)

anzuwenden.

Eine Vorsegmentierung nach LAUT bzw. V-SILB wurde vom Testleiter angeboten. Ausnahme war nur die Segmentierung von *kommen*, da hier bei Personen, die bereits mit BEVATON vertraut waren, unterschiedliche Meinungen über die silbische oder unsilbische Realisierung von *men* in den Testäußerungen auftraten. (Hier und sonst bezeichne ich Lautfolgen und ihre Teile i.a. orthografisch.) Dies dürfte hauptsächlich darauf zurückzuführen sein, daß seinerzeit Schritt [4.7] bei LAUT (vgl. Lieb und Haberbeck, § 2.5) noch nicht in einer Form entwickelt war, die dem Problem von Lautwiederholungen (hier [mm], mit dem zweiten [m] als Entsprechung von orthografisch *men*) angemessen Rechnung getragen hätte.

Strenggenommen ist eine solche Anwendung von V-SILB - teilweise durch eine, teilweise durch eine andere Person - durch den in den §§ 1f skizzierten Rahmen nicht abgedeckt. Eine entsprechende Erweiterung des Rahmens hätte eine unnötige Komplizierung bedeutet. Ein störender Einfluß auf den Test tritt jedenfalls nicht auf, da die Testergebnisse für den *kommen*-Teil der Äußerungen schließlich von der Auswertung ausgeschlossen wurden.

TESTMATERIAL

Das Testmaterial stammt aus einem experimentell gewonnenen Korpus von 506 Äußerungen (23 Sprecher realisierten in einem festen Versuchsaufbau jeder dieselben 22 deutschen Sätze), das zum Zweck von Akzentuntersuchungen erstellt worden war. Genauer sollte das Testmaterial bestehen aus

- Äußerungen des Satzes *Der Mann ist gekommen* in guter Artikulation, und zwar
- einer durch einen Mann und einer durch eine Frau.

3 Sprecher (männlich/weiblich) wurden zufällig bestimmt. Durch zwei mit BEVATON vertraute Personen - solche Personen werden künftig *Experten* genannt - wurden die Sprecher mit der besten Artikulation ausgewählt. Aus den von diesen Sprechern produzierten Äußerungen des ausgewählten Satzes wurde je eine als Testäußerung zufallsmäßig bestimmt.

TESTPERSONEN

Die Untersuchung wurde als Expertenexperiment angelegt, da einerseits die Komplexität der Materie und der beschränkte zur Verfügung stehende Zeitraum das Anlernen nicht mit BEVATON vertrauter Testpersonen unmöglich machten, andererseits das zu testende Verfahren in der Regel von Experten benutzt wird.

Dadurch erübrigte es sich auch, eine vorformulierte Versuchsinstruktion auszuarbeiten.

Insgesamt wurden 7 Testpersonen (Experten) untersucht, von denen 2 als 'routiniert' (regelmäßig mit BEVATON arbeitend) und 5 als 'nicht-routiniert' (doch mit BEVATON hinlänglich vertraut) betrachtet werden.

TESTBEDINGUNGEN

Das Experiment wurde in den Arbeitsräumen der BEVATON-Gruppe durchgeführt.

Der Testleiter nahm rechnergestützt die von der Testperson gewünschten Abschnittsbildungen im Sprachsignal vor und führte Protokoll. (An sich hätte M-ABS verlangt, daß die Testperson selber die Abschnittsbildungen vornimmt. Da jedoch bei der Auswertung später von Unterschieden in der Segmentierung ohnehin abstrahiert wird, ist diese Abweichung von M-ABS harmlos.) Die Testperson bediente die Apparatur zur Bestimmung des BEVATON-Wertes selbst (Reproduktion des Signalabschnittes, Produktion des Sinusvergleichstons).

Die im folgenden mit A bezeichnete Äußerung ist von einer weiblichen Person gesprochen worden; mit B wird die von einer männlichen Person gesprochene Testäußerung bezeichnet. Den Testpersonen wurde zuerst Äußerung B vorgelegt, danach Äußerung A. Diese Reihenfolge wurde gewählt, um den Testpersonen Gelegenheit zu geben, "sich einzuarbeiten": Die größere Monotonie in der Satzmelodie des männlichen Sprechers läßt die Bewertungsarbeit leichter erscheinen.

4 Syntagmatische Ergebnisse

Die ermittelten syntagmatischen BEVATON-Resultate sind gleich den Resultaten der Anwendung von SYN-SILB. Diese Resultate sind in den Tabellen 1 und 2 (s. nächste Seite) zusammengestellt. Die Testpersonen wurden von 1 bis 7 durchnumeriert, die zur Beurteilung vorgelegten Segmentpaare am linken Tabellenrand angeschrieben. Die letzte Tabellenzeile (Beurteilung *kom-men*) ist unter Vorbehalt zu betrachten: Hier war eine Segmentgrenze nicht vorgegeben. Entsprechend der sehr unterschiedlichen Grenzsetzung durch die Versuchspersonen (eine Testperson hörte nur *eine* Silbe *kom*) variieren hier auch die Beurteilungen sehr stark - schließlich wurden von verschiedenen Personen verschiedene Segmente bewertet.

Die bloße Inspektion der Tabellen zeigt eine fast perfekte Übereinstimmung der Urteile.

In Tabelle 1 gibt es nur in der zweiten Zeile Abweichungen: vier Testpersonen kamen zu dem Urteil 'weder höher noch tiefer', drei bewerteten die zweite Silbe als 'höher'. Selbst die letzte Zeile hat - abgesehen von Testperson 4, die nur eine Silbe gehört hatte - nur eine einzige Abweichung im Urteil. Diese ist

Tab. 1: Ergebnisse von SYN-SILB für Äußerung A

Segmente	Testpersonen 1	2	3	4	5	6	7
der/Mann	+	+	+	+	+	+	+
Mann/ist	0	0	0	0	-	-	-
ist/ge	-	-	-	-	-	-	-
ge/kom	-	-	-	-	-	-	-
(*kom/men*	-	-	-	(0)	+	-	-)

Tab. 2: Ergebnisse von SYN-SILB für Äußerung B

Segmente	Testpersonen 1	2	3	4	5	6	7
der/Mann	+	+	+	+	+	+	+
Mann/ist	-	-	-	-	-	-	-
ist/ge	-	0	-	0	-	-	-
ge/kom	0	-	0	0	-	-	-
(*kom/men*	0	-	+	(0)	+	0	-)

In den Tabellen bezeichnet:
- \+ das Urteil "die zweite Silbe ist höher als die erste" (steigend)
- 0 das Urteil "die zweite Silbe ist weder höher noch tiefer als die erste Silbe" (gleichbleibend)
- \- das Urteil "die zweite Silbe ist tiefer als die erste" (fallend)

insofern nicht ganz belanglos, als sie einen entgegengesetzten Richtungseindruck impliziert, sie fällt jedoch unter den oben für *kom-men* gemachten Vorbehalt.

Tabelle 2 zeigt - von der letzten Zeile abgesehen - in fünf Fällen eine Abweichung von den 'Mehrheitsurteilen'. In jedem dieser Fälle wird 'gleichbleibend' statt 'fallend' diagnostiziert - eine jedenfalls nicht diametrale Abweichung. Wenn man in Betracht zieht, daß die Grundfrequenzschwankungen bei dem hier zu beurteilenden männlichen Sprecher sehr gering sind, bei dem weiblichen Sprecher (Testäußerung A) dagegen sehr groß, erscheint dieses Ergebnis natürlich.

5 Paradigmatische Ergebnisse

Die paradigmatischen BEVATON-Resultate sind gleich den Resultaten der Anwendung von PAR auf die Abschnitte, die sich bei der Anwendung von M-ABS ergeben haben. Die Tabellen 3 (Äußerung A) und 4 (Äußerung B) auf der nächsten Seite enthalten die M-ABS-Segmentierungen und die PAR-Werte für die einzelnen Segmente bei den einzelnen Testpersonen. Die erste Spalte jeder Tabelle gibt die überall vorgegebene Segmentierung nach V-SILB und LAUT an, die zweite Spalte die Dauer in Millisekunden (ms) für die einzelnen Segmente. In den folgenden Spalten ist für jede Testperson der BEVATON-Wert in Hertz (Hz) und die jeweilige Segmentlänge bei Subsegmentierung angegeben. Wo keine Subsegmentierung stattfindet, stimmt die Segmentierung nach M-ABS mit den vorgegebenen Segmentierungen überein.

Die Testpersonen 1 und 3 sind *routiniert* im Sinne der früheren Unterscheidung (§ 3, Testpersonen). Bei den Testpersonen 1 und 7 handelt es sich um weibliche Testpersonen.

6 Kovariationsanalyse

Wegen begrenzter Ablesegenauigkeit des Sinustongenerators werden bei der weiteren Verrechnung alle Werte auf ganze 5 Hz gerundet.

Bei der Beurteilung der Reaktionen der Testpersonen muß deren ggf. unterschiedliche Subsegmentierung in Rechnung gestellt werden. Demgemäß wird zunächst für jede Silbe ein zeitgewichteter Wert F berechnet wie folgt:

$$F = \frac{1}{\text{Silbenlänge}} (\Sigma \text{ Segmentlänge} \cdot \text{BEVATON-Wert})$$

Für Testperson 1 erhält man z.B. für die Silbe *Mann* in Testäußerung A den Wert

$$F_1(\textit{Mann}) = \frac{1}{252{,}1} (83{,}8 \cdot 190 + 26{,}9 \cdot 210 + 26{,}3 \cdot 230 + 38{,}8 \cdot 260 + 76{,}3 \cdot 315) = \frac{61742{,}5}{252{,}1} = 246{,}9$$

gerundet: $\underline{\underline{245}}$

Die nach obiger Formel erhaltenen Werte (Tabellen 5 und 6, übernächste Seite) sind Grundlage der Kovariationsanalyse. Wegen der problematischen Silbensegment-Grenzen bei *kommen* werden *kommen*-Teile

Segment	Länge in ms	Testpers.1 Hz	ms	Testpers.2 Hz	ms	Testpers.3 Hz	ms	Testpers.4 Hz	ms	Testpers.5 Hz	ms	Testpers.6 Hz	ms	Testpers.7 Hz	ms
TESTÄUSSERUNG A															
der	95.6	180		180		180		170		200		170		170	
Mann m	83.8	190		295		190		295		215		190		200	117.5
a	92.0	210	26.9			220	42.0			275		265	48.1	355	134.5
		230	26.3			250	30.0					335	43.8		
		260	38.8			280	20.0								
n	76.3	315				450/225				335		330			
						(Ø: 335)									
ist	143.8	305		305		300		295		295		265	26.3	240	
												250	117.5		
ge	85.0	185		146		200		180		265		-		210	
kom(men)		150	234.4	148	194.4	140	216.3	130	348.2	180	180.0	-		200	143.2
men		130	113.8	140	153.8	125	131.9			200	168.2	-		180	205.0
TESTÄUSSERUNG B															
der	113.8	102		102		105		100		100		100		100	
Mann m	79.4	108	80.6	94		112	80.6	130	216.2	110		100		105	103.8
a	80.6	125	135.6	120		125	135.6			135		130		115	114.5
n	55.0			115						120		120			
ist	131.3	104		100		110		100		110		108		100	
ge	78.1	102		100		98		110		100		110		95	
kom(men)		94	225.0	94	143.8	94	192.5	95	375.0	95	174.4	95	162.5	95	215.0
men		105	150.0	97	231.2	93	97.5			100	200.6	90		85	160.0
						105	85.0					90	212.5		

der Testäußerungen in Tab. 5 und 6 nicht berücksichtigt; damit gehen auch entsprechende BEVATON-Werte nicht in die weiteren Berechnungen ein.

Tab. 5 : Zeitgewichtete Durchschnitte der BEVATON-Werte in Äußerung A

	F_1	F_2	F_3	F_4	F_5	F_6	F_7
der	180	180	180	170	200	170	170
Mann	245	295	255	295	275	275	285
ist	305	305	300	295	295	265	240
ge	185	150	200	180	265	200	210

Tab. 6 : Zeitgewichtete Durchschnitte der BEVATON-Werte in Äußerung B

	F_1	F_2	F_3	F_4	F_5	F_6	F_7
der	100	100	105	100	100	100	100
Mann	120	110	120	130	120	115	110
ist	105	100	110	100	110	110	100
ge	100	100	100	110	100	110	95

Es wird untersucht, welche Kovariationen das Urteilsverhalten der sieben Testpersonen zeigt. Hierzu werden zunächst Produkt-Moment-Korrelationen zwischen F_i-Werten (in Hz) einer Testperson i und F_j-Werten einer Testperson j bezüglich gleicher Stellen der Testsätze berechnet. Die Korrelationskoeffizienten r_{ij} sind in Tabelle 7 sowie (nächste Seite) Tabelle 8 zusammengestellt. (Alle

Tab. 7: Korrelationen (Testäußerung A)

	1	2	3	4	5	6	7
1	-	.91	.99	.91	.78	.85	.64
2	.91	-	.91	.98	.64	.91	.78
3	.99	.91	-	.94	.85	.91	.72
4	.91	.98	.94	-	.77	.98	.88
5	.78	.64	.85	.77	-	.85	.78
6	.85	.91	.91	.98	.85	-	.95
7	.64	.78	.72	.88	.78	.95	-

Tab. 8 : Korrelationen (Testäußerung B)

	1	2	3	4	5	6	7
1	-	.97	.95	.87	.97	.74	.95
2	.97	-	.88	.94	.87	.66	.93
3	.95	.88	-	.69	.97	.58	.97
4	.87	.94	.69	-	.74	.75	.75
5	.97	.87	.97	.74	-	.76	.90
6	.74	.66	.58	.75	.76	-	.47
7	.95	.93	.97	.75	.90	.47	-

Tabellenwerte sind im Anschluß an die jeweiligen Berechnungen auf zwei Nachkommastellen gerundet worden.) Im zweiten Schritt werden die Korrelationen einer Faktorenanalyse (Zentroidverfahren nach Thurstone ohne Rotation; für Einzelheiten vgl. etwa Faverge 1980)* unterzogen. Die aus einer solchen Analyse resultierenden *Gewichtszahlen* oder *Gewichte* g_{if_v} für eine Testperson i (empirische Variable) und einen Faktor f_v (latente Variable eines Orthogonalsystems) fassen Tabelle 9 und Tabelle 10 (s. nächste Seite) zusammen. Gewichtszahlen wurden für zwei Faktoren bestimmt.

Tab. 9: Ergebnisse der Faktorenanalyse

Testäußerung A:

	1	2	3	4	5	6	7
g_1	+.93	+.94	+.97	+.99	+.85	+.99	+.87
g_1^2	.87	.88	.94	.97	.72	.97	.76
g_2	+.33	+.27	+.20	+.07	-.24	-.18	-.37
g_2^2	.11	.08	.04	.01	.06	.03	.13
$(g_1^2 + g_1^2)$	.98	.91	.98	.98	.78	1.00	.89

* Faverge, J.M. Mathematisch-statistische Methoden in der Psychologie. Bern usw., Huber.

Tab. 10: Ergebnisse der Faktorenanalyse

Testäußerung B:

	1	2	3	4	5	6	7
g_1	+1.00	+.97	+.94	+.89	+.96	+.74	+.93
g_1^2	1.00	.94	.88	.79	.93	.54	.86
g_2	+.05	-.10	+.35	-.38	+.19	-.30	+.34
g_2^2	.00	.01	.12	.15	.03	.09	.12
$(g_1^2 + g_2^2)$	1.00	.95	1.00	.94	.96	.63	.98

Die Quadrate $g_{i\,f_v}^2$ (·100) messen Anteile (Prozentsätze) der Variation für eine Testperson i, die auf den v-ten Faktor f_v zurückführbar sind. Im Mittel belaufen sich diese Anteile für unseren ersten Faktor f_1 auf 87,1 Prozent bei Testäußerung A und auf 84,6 Prozent bei Testäußerung B, für unseren zweiten Faktor f_2 auf 6,5 Prozent bei A und auf 7,5 Prozent bei B, zusammen (für f_1 und f_2) auf 93,6 Prozent bei A und 92,1 Prozent bei B. Durchschnittlich nur 6,4 Prozent (bei A) bzw. 7,9 Prozent (bei B) der Variation im Urteilsverhalten der sieben Testpersonen werden also nicht im Bezugssystem der zwei extrahierten Faktoren erfaßt.

Das Stärkeverhältnis der beiden Faktoren ist bei den routinierten Testpersonen nicht systematisch anders als bei den nicht-routinierten: der durchgehend leichtgewichtige Faktor f_2 ist bei den routinierten Testpersonen durchschnittlich mit 7,4 bzw. 6,4 % an der Gesamtvariation beteiligt, bei den übrigen mit 6,2 bzw. 8,0 % (erste Zahl: Testäußerung A, zweite Zahl: Testäußerung B).

7 Interpretation

Für die Interpretation der Faktoren ist wesentlich, daß die Gewichtszahlen Korrelationen zwischen den empirischen Variablen - hier: Testpersonen - und den Faktoren als unabhängigen Beschreibungsdimensionen darstellen. Wie aus Tabelle 9 und 10 ersichtlich, ist f_1 durchgehend stark positiv mit den F_i-Werten korreliert: Überdurchschnittlichem f_1 entsprechen überdurchschnittliche, unterdurchschnittlichem f_1 unterdurchschnittliche F_i-Werte. Der nächstliegende Grund für diesen Aspekt der 'Gemeinsamkeit' im Urteilsverhalten der Testpersonen besteht in deren Ansprechen auf die objektive Variation der Grundfrequenz (vgl. auch die unten in § 8 dargestellten rechnerischen Beziehungen zu F_0); f_1 sei daher als *F_0-Treue* bezeichnet. Sie kann für routinierte wie für nicht-routinierte Testpersonen hoch veranschlagt werden: Bei jenen beträgt das Mittel der Gewichtszahlenquadrate in Prozent 90,0 bzw. 93,8, bei diesen 86,0 bzw. 80,9 (erste Zahl: Testäußerung A, zweite Zahl: Testäußerung B).

Eine Tendenz zur Differenzierung zwischen routinierten und nicht-routinierten Testpersonen zeigt sich in f_2. Betrachtet man die Vorzeichen von g_{if_2} für die Testäußerungen A und B, so ergibt sich folgendes Muster:

	Routinierte Testpersonen		Nicht-routinierte Testpersonen				
(i =)	1	3	2	4	5	7	6
A	+	(+)	+	(+)	-	-	(-)
B	(+)	+	(-)	-	(+)	+	-

(Bei in Klammern gesetzten Vorzeichen ist der zugehörige - im Quadrat gemessene - Variationsanteil kleiner als 5 Prozent.) - Der zweite Faktor hat

(a) bei den routinierten Testpersonen nie negative Gewichtszahlen und
(b) bei den nicht-routinierten Testpersonen mehrheitlich negative Gewichtszahlen.

Dabei ist er

(c) nur bei den routinierten Testpersonen vorzeichengleich in beiden Versuchen gewichtet und
(d) bei den nicht-routinierten Testpersonen von Versuch zu Versuch mit einer Ausnahme vorzeichenverschieden gewichtet.
(e) Die Ausnahme unter (d) zeigt Vorzeichengleichheit im Negativen, d.h. entgegengesetzt zur positiven Vorzeichengleichheit der routinierten Testpersonen.

Diese Musterbildung läßt sich tentativ als Reflex einer graduellen Annäherung an maximale Routine deuten - mit Anzeichen für ein "Übergangsstadium" des selektiven Ansprechens auf inhärente Eigenschaften der Testäußerungen.

f_2 sei als *Profilierung* bezeichnet, da der Faktor bei positivem Vorzeichen der (als Korrelationen zu interpretierenden) Gewichte wie f_1 gleichsinnig, bei negativen Vorzeichen aber gegensinnig mit den F_i-Werten kovariiert. Das Auftreten der negativen Gewichte bei den nicht-routinierten Testpersonen könnte mit Zurückhaltung und Meidung von vermeintlichen Extremen zusammenhängen; Übung würde sich in abnehmender Nivellierungsbereitschaft auswirken.

Von der - selten einfachen - inhaltlichen Deutung der Faktoren abgesehen, bezeugt das rein numerische Ergebnis eine hohe Zuverlässigkeit des Verfahrens im Sinne interpersoneller Ähnlichkeit der auditiven Urteile:

Die Summen der Gewichtszahlenquadrate für Faktoren und Variablen messen, wie ausgeführt, den Grad der Gemeinsamkeit in der Variation der Urteile. Auch wenn man sich über den Verzicht inhaltlicher Deutung hinaus einer kausalen Auffassung der Faktoren enthält, kann man konstatieren, daß angesichts der hohen Korrelationen zwischen den Testpersonen (Tab. 7 bis 10) eine weitgehende Vereinheitlichung der mathematischen Beschreibung der Urteilsvariation möglich ist. Statt für jede Testperson eine eigene Beschreibungsdimension reservieren zu müssen, wie es bei einem wenig zuverlässigen Verfahren durchaus denkbar wäre, läßt sich die Variation aller Probanden zu durchschnittlich 93 Prozent mit zwei definitionsgemäß 'gemeinsamen' Beschreibungsdimensionen erfassen.

8 Übereinstimmung von Grundfrequenz und F_i-Werten

Zur Bestimmung der Grundfrequenz F_0 wird das vom Rechner gelieferte und geplottete grafische Transformat der Äußerungen benutzt (Plot, im Zweifelsfall Bildschirm). Zu diesem Zweck wird aus dem Abstand der Schwingungsmaxima die Periodenlänge (in ms) jeder einzelnen Periode und daraus der zugehörige Frequenzwert in Hz bestimmt:

$$\text{Frequenzwert in Hz} = \frac{1000}{\text{Periodenlänge in ms}}$$

Anhang A enthält die grafischen Transformate der Testäußerungen A und B, Anhang B die nach dieser Formel berechneten Frequenzwerte für jede Periode. (Wegen der Fehlbestimmungen, die bei allen automatischen Verfahren der F_0-Analyse auftreten, wurde auf die Anwendung solcher Verfahren schließlich verzichtet und eine Einzelberechnung vorgenommen.)

Aufgrund des Kurvenbildes werden bei jedem Silbensegment zunächst die Frequenzwerte für jede Periode des Segmentteils errechnet, welcher den Silbennukleus realisiert. Aus den ermittelten Werten werden zeitgewichtete, auf 5 Hz gerundete Durchschnittswerte für F_0 auf den jeweiligen Silbensegmenten gebildet (Tab. 11). Deren Korrelationen mit den einzelnen F_i werden berechnet (Tab. 12).

Tab. 11: F_0-Werte

		F_0
Äußerung A	*der*	185
	Mann	250
	ist	295
	ge	200
	(kommen	140)
Äußerung B	*der*	100
	Mann	120
	ist	110
	ge	105
	(kommen	95)

Tab. 12: Korrelationen $r_{F_0F_i}$ zwischen F_0 und F_i

	F_1	F_2	F_3	F_4	F_5	F_6	F_7
Äußerung A	1.00	.91	1.00	.93	.83	.89	.70
Äußerung B	.89	.88	.89	.83	.97	.89	.81

Die Gesamtmittel bei den routinierten und nicht-routinierten Testpersonen weichen zugunsten der routinierten Testpersonen mäßig voneinander ab: 0,95 vs. 0,86. Beachtlich ist die sehr enge Kovariation mit F_0 auch bei den nicht-routinierten Probanden. Dabei scheinen Charakteristika der Testäußerungen eine Rolle zu spielen. Die Variation der Korrelationskoeffizienten ist nämlich bei Äußerung B geringer als bei Äußerung A: Die Standardabweichung der r vom Mittel - 0,88 bei B bzw. 0,89 bei A - beträgt bei B nur 0,048 gegenüber 0,097 bei A.

In Anhang C werden die F_0-Werte nicht mit den F_i-Werten im Sinne von § 6, sondern direkt mit den BEVATON-Werten gemäß Tab. 3 und 4 verglichen; der Anhang kann hier ergänzend herangezogen werden.

9 Test 2: Intrapersonelle Zuverlässigkeit

Aus dem in § 3, TESTMATERIAL, bezeichneten Korpus wurden nach den dort genannten Kriterien zufällig zwei Testäußerungen ausgewählt (Äußerung C: männlicher Sprecher, Äußerung D: weiblicher Sprecher) und von einer routinierten (weiblichen) Testperson (im Sinne von § 3, TESTPERSONEN) bewertet. (Die wünschenswerte Überprüfung der intrapersonellen Zuverlässigkeit mit wenigstens einer anderen Testperson konnte aus Zeitgründen nicht mehr vorgenommen werden.) Die Testperson hat die Testäußerungen im Abstand von je zwei Monaten erneut bewertet. Damit sollte ausgeschlossen werden, daß sich die Testperson an ihre Bewertungen aus den jeweils vorangegangenen Testdurchläufen erinnert; allerdings konnten aus Zeitgründen mit dieser Methode nur drei Durchläufe gemacht werden.

Tab. 13: Ergebnisse von SYN-SILB für Äußerung C

	Testlauf		
Segment	1	2	3
der/al	+	+	+
al/te	+	+	+
te/Mann	+	+	+
Mann/ist	0	-	-
ist/ge	-	-	-
ge/kom	0	0	+
kom/men	-	-	-

Tab. 14: Ergebnisse von SYN-SILB für Äußerung D

	Testlauf		
Segment	1	2	3
der/al	+	+	+
al/te	+	+	+
te/Mann	-	+	+
Mann/ist	-	-	-
ist/ge	-	-	-
ge/kom	-	-	-
kom/men	0	0	0

Die in den Tabellen 15 und 16 angegebenen Testergebnisse enthalten auf ganze 5 Hz gerundete Werte. (Es wurde das Teilverfahren PAR-A angewandt.) Die Berechnung von F_0 wurde anhand des Plots durchgeführt, allerdings ohne zeitliche Gewichtung.

In den Fällen, wo zwei Werte bei F_0 stehen, bezieht sich der erste Wert auf den Beginn des Intervalls, der zweite auf das Ende. Alle Werte wurden auf ganze 5 Hz gerundet.

Tab. 15: Ergebnisse von M-ABS und PAR für Äußerung C

Segment		Zeit ms	PAR-Wert in Testlauf 1	2	3	(ms)	F_0 (Hz)
der		92.5	100	100	100		95
al		131.3	120	120	120		115
te		112.5	140	140	135		135
Mann	*m*	166.3	125	125	125		125
	a	42.5	150	150	145	38.6	140-150
		48.8	185	180	180	53.9	185
	n	93.8	190	200	200	42.5	190-160
				170	170	51.3	
ist		43.8	130	130	110		125
		237.5	105	105			100
ge		95.0	95	100	100		95
kom		143.8	105	105	110		100
men		286.3	95	100	100		95

(Die Subsegmentierung bei *a* in der Silbe *Mann* wurde im dritten Testdurchlauf anders vorgenommen als in den vorausgehenden Durchläufen. Die Subsegment-Dauer ist jeweils nach dem PAR-Wert angegeben. Die Subsegmentierung bei *n* in der Silbe *Mann* bezieht sich auf die Durchläufe Nr. 2 und 3 - Konvention wie in Tab. 3 und 4.)

Tab. 16: Ergebnisse von M-ABS und PAR für Äußerung D

Segment	Zeit (ms)	PAR-Wert in Testlauf 1	2	3	F_0 (Hz)
der	150.6	170	170	165	160
al	93.1	190	190	180	180
te	112.5	230	230	225	235
Mann m	235.6	210	210	215	220-210
an				210	
ist	236.3	185	185	195	(keine Angabe möglich)
ge	113.1	165	170	165	175
kom	214.4	150	150	150	155
men	8o.6	135	135	140	135
	61.3	160	160	165	160

(Das *ist*-Segment ist zwar tonhöhenkonstant, aber unperiodisch. Es wird damit bei M-ABS automatisch vernachlässigt, vgl. Lieb und Haberbeck, § 6.3, [0.4] und [0.5]. Deshalb kann auch PAR-A auf das *ist*-Segment im Rahmen von BEVATON-C oder vergleichbarer Varianten nicht angewandt werden, vgl. Lieb und Haberbeck, § 8.2. Eine isolierte Anwendung von PAR-A ist jedoch möglich und wurde hier vorgenommen.)

Das außerordentlich hohe Maß der Übereinstimmung ist evident - insbesondere bei SYN-SILB sowie für die Subsegmentierung. Die PAR-Werte korrelieren zwischen den Versuchswiederholungen sehr hoch:

Tab. 17: Intrapersonelle Zuverlässigkeit

	r_{12}	r_{13}	r_{23}
Äußerung C	.999	.996	.966
Äußerung D	.998	.980	.976

10 Schlußbemerkungen

Die Zuverlässigkeit des Verfahrens im intrapersonellen Vergleich, wie im interpersonellen Vergleich gefaßt als Ähnlichkeit des

Urteilsverhaltens, läßt sich zusammenfassend als besonders hoch charakterisieren. Die dem Maximalwert 1 nahekommenden Korrelationskoeffizienten in Tabelle 17 sind umso beachtlicher, als Versuchswiederholungen in so großen zeitlichen Abständen erfolgten, daß nicht mit einer artifiziellen Übereinstimmung aufgrund von Behaltenseffekten zu rechnen ist.

Dies läßt erwarten, daß bei gleicher optimaler Routine auch interpersonell maximale Kovariation eintritt; in der Tat zeigen die Tabellen 7 und 8 für die als routiniert rubrizierten Testpersonen 1 und 3 die hohen Korrelationen von 0,99 (Äußerung A) und 0,95 (Äußerung B).

Bekanntlich sind Korrelationskoeffizienten mathematisch normiert, so daß sie als Maße einer Ähnlichkeit fungieren, aus der "Nebensächlichkeiten" der Meßdimension eliminiert sind; nur so können Kovariationen wie die zwischen Körpergröße und Körpergewicht konsistent in Korrelationskoeffizienten bemessen werden. Derart ließe sich fragen, ob die Zuverlässigkeit des Verfahrens durch die mitgeteilten Kovariationsanalysen nicht lediglich als Invarianz bis auf Transformationen der Meßdimension bestimmt ist.
So verhält es sich aber nicht: Die Meßdimension 'Frequenz in Hz' ist nämlich vorgegeben, wenn der Experimentator einen Bezugston von gleicher subjektiver Höhe wie das Sprachsignal ermittelt.

Hieraus läßt sich die Erwartung ableiten, daß die Urteile der Testpersonen nicht nur miteinander, sondern auch mit "objektivem" F_0 gut übereinstimmen. Diese Erwartung hat sich bestätigt (vgl. oben § 8 sowie unten Anhang C).

Wie man sieht, muß hierbei die Übereinstimmung mit F_0 - als 'Außenkriterium', das in der psychologischen Testtheorie ja auch nicht mit 'Reliabilität' verbunden wird - keineswegs als Zuverlässigkeitskriterium sui generis betrachtet werden. Segmentierung und Auswahl bestimmter Frequenzen sind an die auditive Beurteilung geknüpft; sie mußten in die apparativ-rechnerisch gewonnene F_0-Repräsentation projiziert werden, damit die betreffenden Vergleiche - zwischen F_0 und auditiven Werten - überhaupt angestellt werden konnten.

ANHANG A: 1. GRAFISCHES TRANSFORMAT ZU ÄUSSERUNG A

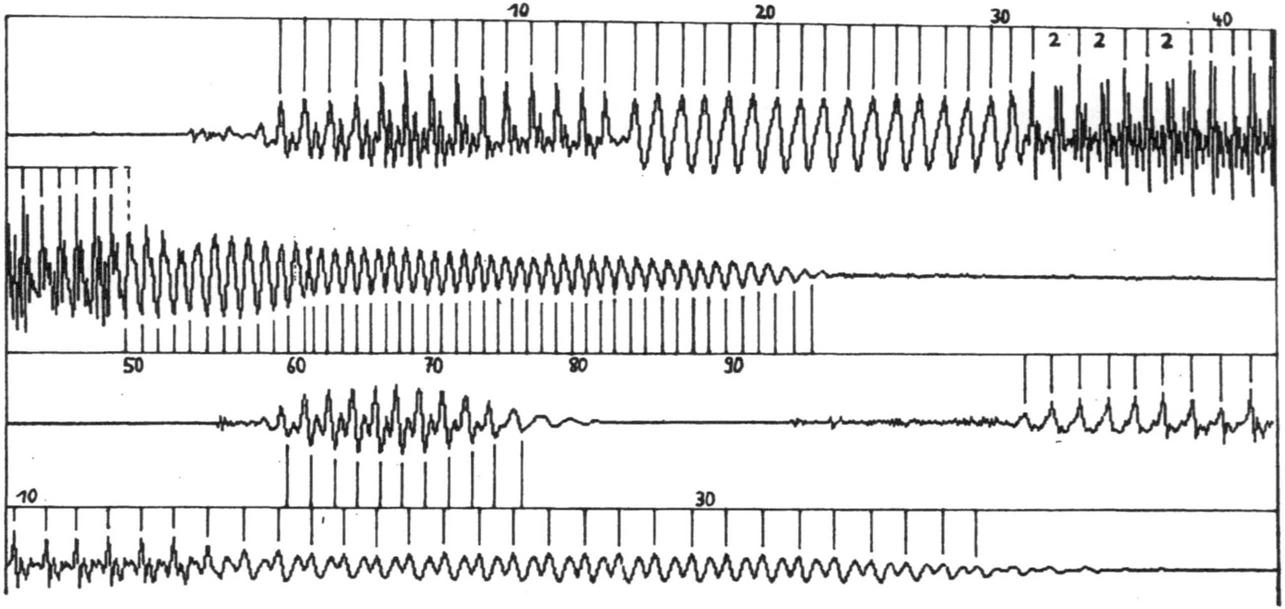

BEMERKUNG. Der Plot ist hier von links oben nach rechts unten umbrochen. Senkrechte Linien und Ziffern sind zur Verdeutlichung eingezeichnet (ab der 50. Periode aus grafischen Gründen Einzeichnung nach unten, mit Linksverschiebung).

ANHANG A: 2. GRAFISCHES TRANSFORMAT ZU ÄUSSERUNG B

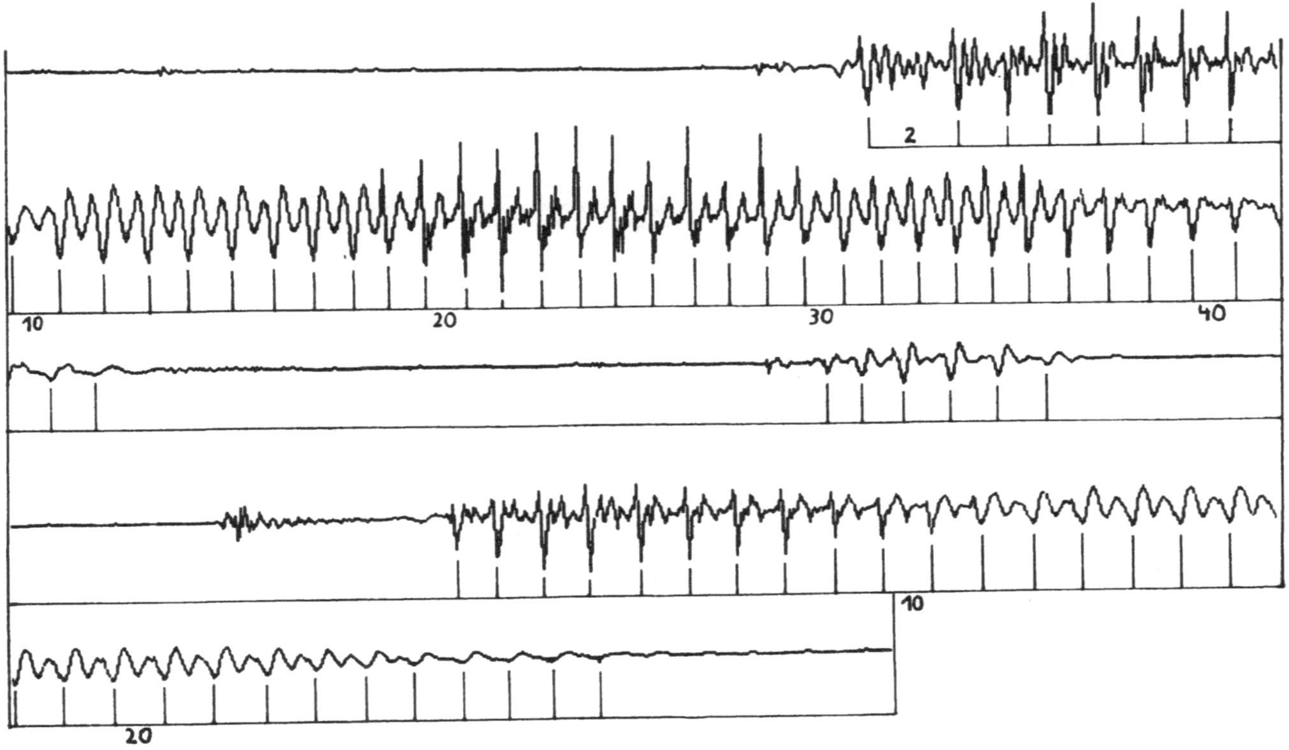

Vgl. Bemerkung auf der vorhergehenden Seite

ANHANG B: F_0-ANALYSE - Äußerung A

Segment*	Periode	Zeit (ms)	Frequenz (Hz)
der	1.	5.4	185
	2.	5.4	185
	3.	5.4	185
	4.	5.4	185
	5.	5.4	185
	6.	5.4	185
	7.	5.4	185
	8.	5.4	185
	9.	5.4	185
	10.	5.4	185
	11.	5.4	185
	12.	5.4	185
	13.	5.4	185
	14.	6.3	160
m	15.	5.0	200
	16.	5.0	200
	17.	5.0	200
	18.	5.0	200
	19.	5.4	185
	20.	5.4	185
	21.	5.4	185
	22.	5.2	193
	23.	5.2	193
	24.	5.2	193
	25.	5.2	193
	26.	5.2	193
	27.	5.2	193
	28.	5.2	193
	29.	4.6	218
	30.	4.6	218
	31.	4.6	218
a	32.	5.0	200
	33.	5.0	200
	34.	5.0	200
	35.	5.0	200
	36.	5.0	200
	37.	4.4	229
	38.	4.4	229
	39.	4.4	229
	40.	4.4	229
	41.	4.4	229
	42.	4.4	229
	43.	3.9	260
	44.	3.9	260
	45.	3.9	260
	46.	3.9	260
	47.	3.9	260
	48.	3.9	260
	49.	3.8	267
	50.	3.5	286
	51.	3.5	286

Segment	Periode	Zeit (ms)	Frequenz (Hz)
	52.	3.5	286
	53.	3.5	286
n	54.	3.5	286
	55.	3.5	286
	56.	3.5	286
	57.	3.5	286
	58.	3.5	286
	59.	3.5	286
	60.	2.9	343
	61.	2.9	343
	62.	2.9	343
	63.	2.9	343
	64.	2.9	343
	65.	2.9	343
	66.	2.9	343
	67	2.9	343
	68.	2.9	343
	69.	3.1	320
	70.	3.1	320
	71.	3.1	320
	72.	3.1	320
	73.	3.1	320
	74.	3.1	320
	75.	3.1	320
	76.	3.2	320
	77.	3.1	320
	78.	3.1	320
	79.	3.1	320
ist	80.	3.1	320
	81.	3.1	320
	82.	3.1	320
	83.	3.1	320
	84.	3.4	291
	85.	3.4	291
	86.	3.4	291
	87.	3.4	291
	88.	3.6	281
	89	3.6	281
	90.	3.6	281
	91.	3.6	281
	92.	3.6	281
	93.	3.6	281
	94.	3.6	281

aperiodisches Signal

*Segmentgrenzen so, wie bei Test vorgegeben

ANHANG B: F_0-ANALYSE - Äußerung A, Fortsetzung

Äußerung B

Segment	Periode	Zeit	Frequenz
ge	1.	5.0	200
	2.	5.0	200
	3.	5.0	200
	4.	5.0	200
	5.	5.0	200
	6.	5.0	200
	7.	5.0	200
	8.	5.0	200
	9.	5.0	200
	10.	5.6	178
aperiodisches Signal			
kommen	1.	5.6	178
	2.	6.3	160
	3.	6.3	160
	4.	6.3	160
	5.	6.3	160
	6.	6.3	160
	7.	6.3	160
	8.	6.3	160
	9.	6.3	160
	10.	6.9	146
	11.	6.9	146
	12.	6.9	146
	13.	6.9	146
	14.	6.9	146
	15.	7.5	133
	16.	7.5	133
	17.	7.5	133
	18.	7.5	133
	19.	6.9	146
	20.	6.9	146
	21.	7.5	133
	22.	7.5	133
	23.	7.5	133
	24.	7.5	133
	25.	7.5	133
	26.	7.5	133
	27.	7.5	133
	28.	7.5	133
	29.	7.8	128
	30.	7.8	128
	31.	7.8	128
	32.	7.8	128
	33.	7.5	133
	34.	7.5	133
	35.	7.5	133
	36.	7.5	133
	37.	7.5	133

Segment	Periode	Zeit	Frequenz
ÄUSSERUNG B:			
der	1./2.	20.0	100
	3.	10.0	100
	4.	9.0	107
	5.	10.0	100
	6.	10.0	100
	7.	10.0	100
	8.	10.0	100
	9.	10.0	100
m	10.	10.0	100
	11.	10.0	100
	12.	8.8	114
	13.	8.8	114
	14.	8.8	114
	15.	8.8	114
	16.	8.8	114
	17.	8.8	114
	18.	8.1	123
a	19.	7.5	133
	20.	8.1	123
	21.	8.1	123
	22.	8.1	123
	23.	8.1	123
	24.	8.1	123
	25.	8.1	123
	26.	8.1	123
	27.	8.1	123
	28.	8.1	123
n	29.	8.1	123
	30.	8.1	123
	31.	8.1	123
	32.	8.1	123
	33.	8.1	123
	34.	7.5	133
	35.	7.5	133
ist	36.	8.8	114
	37.	8.8	114
	38.	8.8	114
	39.	8.8	114
	40.	8.8	114
	41.	10.0	100
	42.	10.0	100
	43.	10.0	100
aperiodisches Signal			
ge	1.	7.5	133
	2.	8.8	114
	3.	10.0	100
	4.	10.0	100
	5.	10.6	94
aperiodisches Signal			

ANHANG B: F_0-ANALYSE - Äußerung B, Fortsetzung

Segment	Periode	Zeit	Frequenz
kommen	1.	8.8	114
	2.	10.0	100
	3.	10.0	100
	4.	10.0	100
	5.	10.0	100
	6.	10.0	100
	7.	10.0	100
	8.	10.0	100
	9.	10.6	94
	10.	10.0	100
	11.	10.6	94
	12.	10.0	100
	13.	10.6	94
	14.	10.6	94
	15.	10.6	94
	16.	10.6	94
	17.	10.6	94
	18.	10.6	94
	19.	10.6	94
	20.	10.6	94
	21.	10.6	94
	22.	10.6	94
	23.	10.6	94
	24.	10.6	94
	25.	10.6	94
	26.	10.0	100
	27.	10.0	100
	28.	10.0	100
	29.	10.0	100

ANHANG C: Übereinstimmung von Grundfrequenz und BEVATON-Werten

Um ein anschauliches Bild von der Übereinstimmung zwischen gemessener Grundfrequenz und BEVATON-Werten zu vermitteln, ist in den Figuren 1 und 2 (auf den beiden folgenden Seiten) Information der Tabellen 3 und 4 (oben § 5) wie folgt mit Information von Anhang B (F_0-Werte) zusammengefaßt worden.

F_0 ist gemäß den Listen in Anhang B zeitabhängig dargestellt, und zwar als durchgezogene Linie, die an Segmentgrenzen nach SILB bzw. LAUT unterbrochen wurde. Die BEVATON-Werte sind konventionell in den Mitten der so entstandenen - betexteten - Intervalle (d.h. ohne Berücksichtigung der in Tab. 3 und 4 angegebenen individuellen Segmentlängen) als senkrechte Geraden abgetragen, und zwar in der auch sonst benutzten Ordnung der Testpersonen von 1 bis 7. (Bei der Subsegmentierung von *a*, Äußerung A, erfolgt die Darstellung in der Mitte markanter Abschnitte des F_0-Graphen. Allgemein sind in Fällen feinerer Segmentierung durch einzelne Testpersonen echte geordnete Teilmengen der 7 Testpersonen repräsentiert; die globalen BEVATON-Werte der hierbei ausfallenden Testpersonen sind mit den je *letzten* BEVATON-Werten der feiner segmentierenden Testpersonen vereinigt.) Für die als 'routiniert' geführten Testpersonen 1 und 3 sind die Senkrechten durchgezogen, für die übrigen Testpersonen sind sie unterbrochen gezeichnet.

Die gute anschauliche Übereinstimmung zwischen mehrheitlichen Urteilstendenzen und F_0-Verlauf läßt sich numerisch ausdrücken, indem man segmentweise mittlere BEVATON-Werte zu einer geeigneten F_0-Charakteristik in Beziehung setzt. Um nicht über Gebühr Effekte geringer Routine durchschlagen zu lassen, wurde definiert

$\tilde{\mu}_S$:= gewogenes Mittel aus
Mittel der BEVATON-Werte der routinierten Testpersonen
und
Mittel der BEVATON-Werte der nicht-routinierten Testpersonen abzüglich eines minimalen und eines maximalen BEVATON-Wertes

$\overline{F}_0$:= Mittel aus zentralem und finalem F_0-Wert für das Segment.

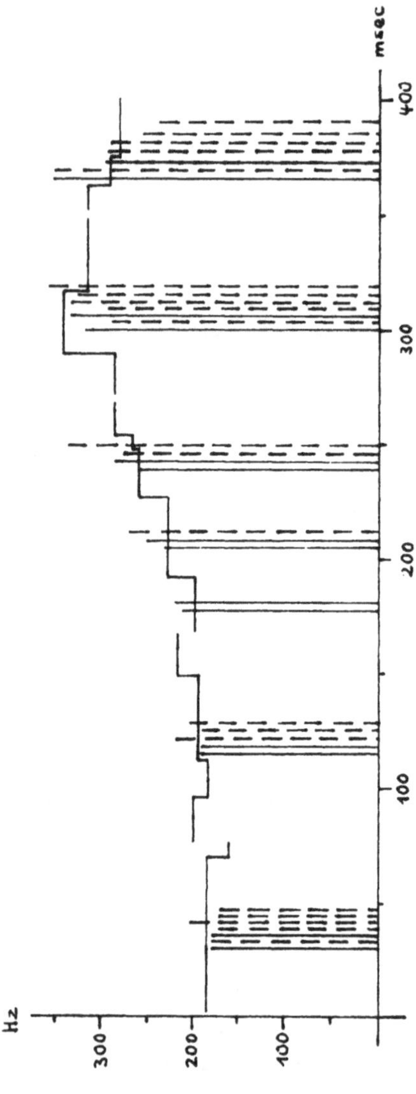

Fig. 1
Zu Äußerung A

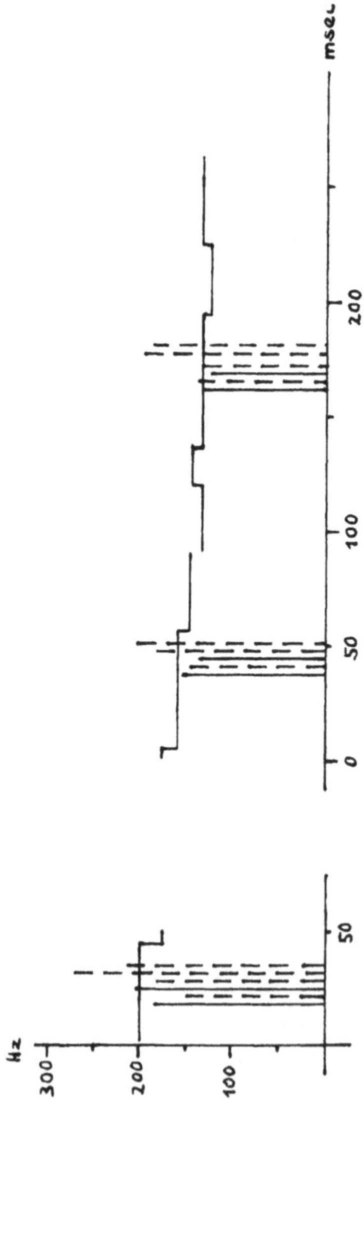

Fig. 2
Zu Äußerung B

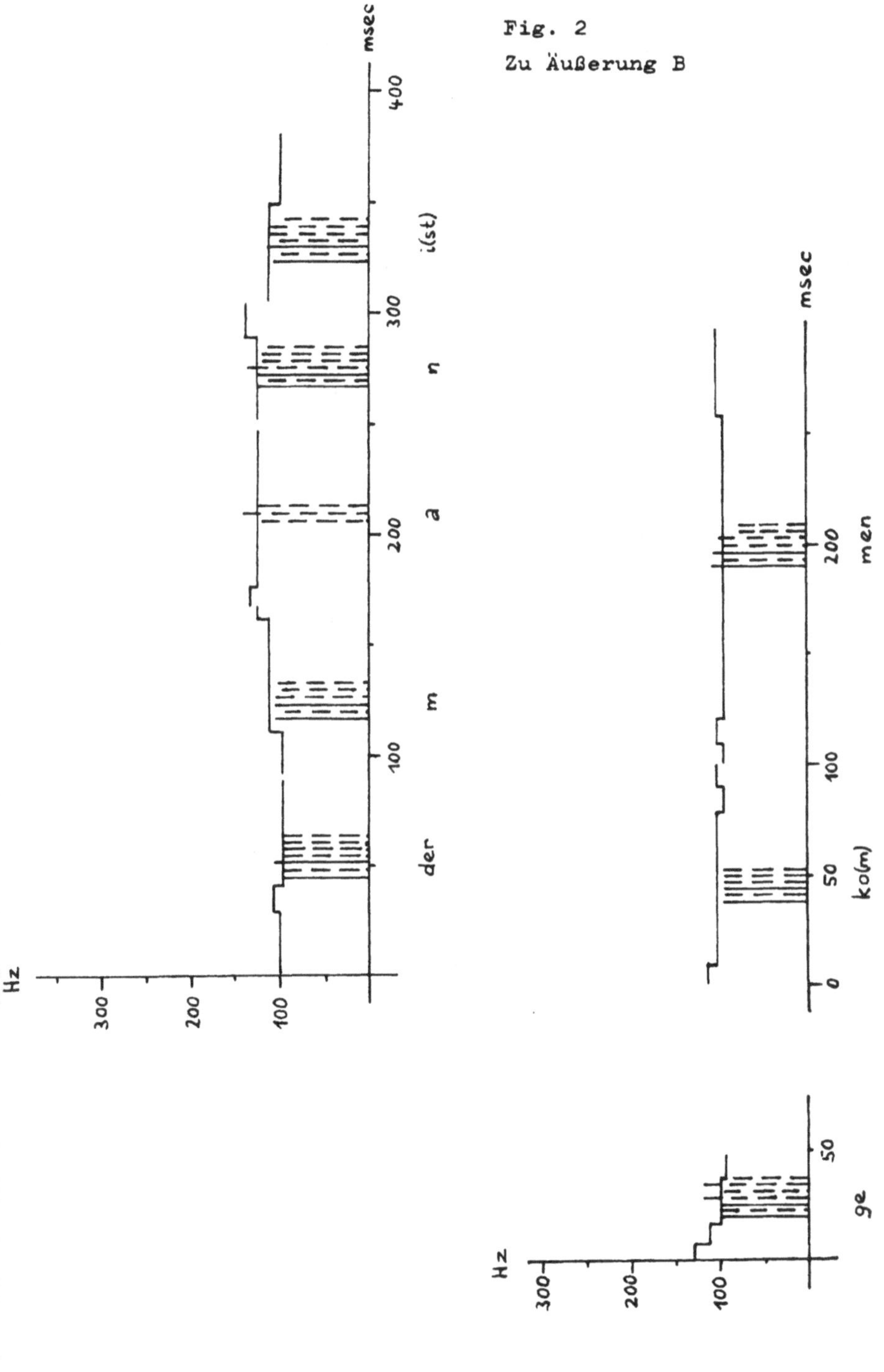

(Die Zuordnung von BEVATON-Werten zu Testpersonen und Segmenten entspricht den für Fig. 1 und 3 angegebenen Konventionen.)

Tab. 18

Segment	$\tilde{\mu}_S$	$\bar{F}_0$	$\tilde{\mu}_S-\bar{F}_0$	$\frac{\tilde{\mu}_S-\bar{F}_0}{\bar{F}_0} \cdot 100$
Äußerung A:				
der	176.0	173	+ 3.0	+1.7 Prozent
m	193.3	206	-12.7	-6.1 "
a_1	215.0	215	± 0.0	±0.0 "
a_2	240.0	248	- 8.0	-3.2 "
a_3	270.0	286	-16.0	-5.6 "
n	322.0	332	-10.0	-3.0 "
ist	290.6	286	+ 4.6	+1.6 "
ge	193.8	189	+ 4.8	+2.5 "
ko(m)	156.7	153	+ 3.7	+2.4 "
men	145.0	133	+12.0	+9.0 "
Äußerung B:				
der	101.0	100	+ 1.0	+1.0 Prozent
m	106.3	119	-12.7	-10.7 "
a	130.0	123	+ 7.0	-5.7 "
n	121.0	128	- 7.0	-5.5 "
ist	105.0	107	- 2.0	-1.9 "
ge	102.0	97	+ 5.0	+2.5 "
ko(m)	95.0	100	- 5.0	-5.0 "
men	97.0	97	± 0.0	±0.0 "

Die Abweichung zwischen 'mittleren BEVATON-Werten', wie definiert, und 'mittlerem F_0', wie definiert, beträgt im Durchschnitt der 10 bzw. 8 Segmente von Äußerung A bzw. Äußerung B (absolut) weniger als fünf Prozent. Es ist nämlich

für Äußerung A: $\frac{1}{10}\sum\left|\frac{\tilde{\mu}_S-\bar{F}_0}{\bar{F}_0}\right| = 0.0351$

für Äußerung B: $\frac{1}{8}\sum\left|\frac{\tilde{\mu}_S-\bar{F}_0}{\bar{F}_0}\right| = 0.0400$

AUDITIVES SEGMENTIEREN: EINE SPRACHTHEORETISCHE GRUNDLEGUNG

Hans-Heinrich Lieb
Freie Universität Berlin

Inhalt

0 Vorbemerkungen
1 Laute
1.1 Artikulatorische Auffassung
1.2 Auditive Auffassung: vorläufige Formulierung
1.3 Präzisierungen
1.4 Auditive Auffassung
2 Töne
2.1 Grundgedanken
2.2 Tonhöhenstufen
2.3 Tonhöhenabstände
2.4 Melodie und Melodiefunktionen
2.5 Hauptannahme zu Tönen
3 Ton und Silbe
3.1 Silben
3.2 Silbenfolgen
3.3 Tonhöhenverläufe und Silbenfolgen
4 Lautsegmente und Tonsegmente
4.1 Kernbereichsfolgen
4.2 Der Begriff der Entsprechung
4.3 Lautsegment- und Tonsegmentfolgen
5 Tonsegmente und Silbensegmente
5.1 Zur Abgrenzung von Silbensegmenten
5.2 Silbensegment-Folgen: Grundgedanken
5.3 Definition von "Silbensegment-Folge"
5.4 Ton- und Silbensegment-Folgen
Register

0 Vorbemerkungen

Eine wissenschaftliche Methode ist ein Verfahren zur Gewinnung von Erkenntnis. *Was* erkannt werden soll, wird nicht durch die Methode festgelegt, sondern ist ihr vorgegeben. Jede Methode ist angewiesen auf eine Theorie über die Gegenstände, zu deren Erforschung sie dient. Eine theorielose Methode ist ein Krückstock für Blinde.

In der vorliegenden Arbeit wird der theoretische Rahmen entwickelt, den BEVATON voraussetzt: das Berliner Verfahren zur auditiven Tonhöhenanalyse (s. Lieb u.a., i.ds.Bd.). BEVATON ist eine *sprach*wissenschaftliche Methode in einem Sinne von "Sprachwissenschaft", der die Phonetik wenigstens teilweise einschließt. Entsprechend wird ein Theoriefragment skizziert, das sich einer *Sprach*theorie eingliedern würde. Soweit eine bestimmte Sprachtheorie ins Auge gefaßt wird, handelt es sich um die Sprachtheorie der Integrativen Sprachwissenschaft (Lieb 1983); sie wird mit diesem Theoriefragment in einigen Punkten modifiziert, im wesentlichen aber ergänzt - die Probleme, die hier im Mittelpunkt stehen, sind von der Integrativen Sprachwissenschaft bisher nur gestreift worden. Das Theoriefragment dürfte jedoch aus sich heraus verständlich sein, also ohne Kenntnis der Integrativen Sprachwissenschaft.

BEVATON ist ein Analyse- und Dokumentationsverfahren, das auf Äußerungsereignisse angewandt wird. Besonders im amerikanischen Strukturalismus wurde solchen Verfahren eine zentrale Rolle zugewiesen, die sie jedoch aus wenigstens zwei Gründen niemals erfüllen konnten. Einmal fehlten die technischen Voraussetzungen für wirklich effektive Verfahren dieser Art; zum anderen bestand eine verhängnisvolle Neigung zu einem naiven Operationalismus: Das Resultat einer Verfahrensanwendung trat an die Stelle eines theoretischen Konstrukts, das zunächst in einer Sprachtheorie verfahrensunabhängig hätte bestimmt werden müssen; tendenziell verdrängte die Methode die Theorie.

Methode und Theorie werden hier scharf getrennt. Im vorliegenden Aufsatz geht es allein um die sprachtheoretischen Probleme, die von BEVATON und allgemeiner von jeder vergleichbaren Methode aufgeworfen werden. Ich werde sie jedoch ohne ihren Methodenbezug gemäß ihrer inneren Systematik darstellen und zu lösen versuchen; es wird also eine sprachtheoretische, methodenunabhängige Grundlagenstudie vorgelegt. Ihr Gegenstand ist der Übergang von Sprache zu Rede in seinen lautlichen Aspekten, und zwar im segmentalen ebenso wie im suprasegmentalen Bereich und hier wieder mit besonderem Bezug auf Töne und Intonationen.

Aus Raumgründen habe ich mich entschlossen, auf eine Diskussion der einschlägigen Literatur vollständig zu verzichten sowie eine äußerst gedrängte Form der Darstellung zu wählen; die wünschenswerte Kommentierung hätte den Umfang leicht verdoppelt. Zur besseren Orientierung ist der Arbeit ein Verzeichnis der Variablen sowie der wesentlichen Annahmen und Begriffe angefügt.

Mein Aufsatz nimmt eine Reihe von Grundfragen im Übergangsbereich von traditioneller Sprachwissenschaft und Phonetik in Angriff, die dort von den meisten Wissenschaftlern - mit wenigen Ausnahmen - unbearbeitet liegengelassen wurden.

1 Laute

1.1 Artikulatorische Auffassung

Laute gehören zum lautlichen Teil eines sprachlichen Systems. Als Einheiten des Systems sind sie abstrakt; sie werden von Schallereignissen 'realisiert', die konkret sind, von Ereignissen in Raum und Zeit.

Beim Reden über Laute setzt man gewöhnlich eine Sprachtheorie voraus, die a. das sprachliche System als System einer 'Sprache' betrachtet oder wenigstens als System einer Sprachausprägung, etwa eines Dialektes, und die b. im lautlichen Teil des Systems zwei Ebenen unterscheidet, eine weniger abstrakte phonetische und eine abstraktere phonologische. Entsprechend gibt es dann *phonetische Laute* als Einheiten der phonetischen und *phonologische Laute* ('Phoneme') als Einheiten der phonologischen Ebene. Ich werde die Systemauffassung (a) später modifizieren, jedoch an der Ebenenunterscheidung (b) festhalten.

Die Natur der Laute wird je nach Sprachtheorie unterschiedlich bestimmt. Soweit Laute als 'Merkmalsbündel' o.ä. konzipiert werden, dürfte eine artikulatorische Auffassung vorherrschen, die sich in erster Annäherung so charakterisieren läßt:

(1.1) *Artikulatorische Auffassung A*. Jeder Laut ist eine Menge von artikulatorischen - durch Eigenschaften von Artikulationsvorgängen definierten - Eigenschaften von Schallereignissen.

Es sei etwa

(1.2) [n] = {Nasal, Alveolar, Stimmhaft, ...}

eine Menge von artikulatorischen Eigenschaften von Schallereignissen, wobei

(1.3) Nasal = die Eigenschaft, ein Schallereignis zu sein, das von jemandem durch Betätigung seines Sprechapparates verursacht wird, wobei Luft durch die Nase entweicht.

Wenn man (1.1) voraussetzt, dürfte gelten:

(1.4) [n] ist ein Laut des Deutschen.

Mit "des Deutschen" wird auf das sprachliche System verwiesen; was genau 'das Deutsche' sein soll, bliebe natürlich zu klären.

Aus unerwartetem Grunde führt Auffassung A auf erhebliche Schwierigkeiten: ein Laut kann nicht aus artikulatorischen *Eigenschaften* bestehen. Ich argumentiere wie folgt.

Es sei "P" eine Variable für Personen. Man betrachte die folgende Funktion Nasal-bei, die Personen Eigenschaften zuordnet:

(1.5) *Definition.* Nasal bei P = die Eigenschaft, ein Schallereignis zu sein, das von P durch Betätigung von P's Sprechapparat verursacht wird, wobei Luft durch P's Nase entweicht.

Es sei P* eine bestimmte Person. Dann ist Nasal bei P* eine bestimmte Eigenschaft. Sie unterscheidet sich von Nasal in (1.3) dadurch, daß sie nur solchen Schallereignissen zukommt, die von P* - statt von irgendjemandem - produziert sind.

Jede vernünftige Lauttheorie sollte der Tatsache Rechnung tragen, daß Sprechen Handeln ist. Jede Handlung hat als *eine* Komponente eine Absicht, die bei Sprechhandlungen auf ein Schallereignis mit ganz bestimmten Eigenschaften gerichtet ist. Unter anderem sind die artikulatorischen Eigenschaften des Schallereignisses direkt oder indirekt durch die Sprechabsicht determiniert. Worauf nun P* beim Sprechen gegebenenfalls abzielt, ist ein Schallereignis mit der Eigenschaft Nasal bei P* und nicht mit der Eigenschaft Nasal: P*'s Sprechabsicht ist keineswegs schon Genüge getan, wenn irgendjemand seinen Sprechapparat betätigt und ein Schallereignis mit der Eigenschaft Nasal produziert.

Ein Schallereignis 'realisiert' einen Laut. Bei Auffassung A kann dies nur heißen: Das Ereignis hat sämtliche Eigenschaften, die den Laut bilden. Sollen Realisieren und Sprechen in einem vernünftigen Zusammenhang stehen, muß ein Laut also aus 'sprecherrelativen' Eigenschaften wie Nasal bei P* bestehen. Eine derartige Relativierung ist aber sprachtheoretisch nicht vertretbar, wenn Laute Einheiten sprachlicher Systeme sein sollen, sei es auch nur von Idiolektsystemen: Bei den Systemen verschiedener Sprecher wären alle Laute - und damit alle Systeme - schon deshalb verschieden, weil es sich bei den Sprechern um verschiedene raumzeitliche Objekte handelt - eine unhaltbare Konsequenz. Als Ausweg bietet sich an, die sprecherrelativen Eigenschaften wie Nasal bei P* zu ersetzen durch die Funktionen, deren *Werte* die Eigenschaften sind, also die Eigenschaft Nasal bei P* durch die Funktion Nasal-bei usw.:

(1.6) *Artikulatorische Auffassung B.* Jeder Laut ist eine Menge von artikulatorischen Funktionen, d.h. Funktionen, die jeweils einer Person eine auf sie relativierte artikulatorische Eigenschaft zuordnen.

Eine solche Funktion ist z.B. Nasal-bei in (1.5). Ein Ausdruck wie "[n]" in (1.2) ist entsprechend umzuinterpretieren:

(1.7) [n] = {Nasal, Alveolar, Stimmhaft, ...},

wo Nasal = Nasal-bei, Alveolar = Alveolar-bei usw. "Nasal" usw. werden also ebenfalls uminterpretiert, d.h. wir können auf "bei" in den Funktionsnamen verzichten.

Ein Schallereignis 'realisiert' einen Laut. Bei Auffassung B ist diese Formulierung unvollständig; Realisieren ist nunmehr auf eine Person P zu relativieren: Ein Ereignis realisiert einen Laut *bezüglich P*, wenn es jede Eigenschaft hat, die durch irgendeine der Funktionen in dem Laut der Person P zugeordnet wird.

Diese Eigenschaften sind weiterhin artikulatorische. Das stellt einen schwerwiegenden Einwand auch noch gegen die Auffassung B dar.

Man wird nämlich aus sprachtheoretischen Gründen auf einem Begriff des Realisierens bestehen müssen, bei dem gilt: Wie immer ein Schallereignis produziert sein mag, es 'realisiert' einen phonetischen Laut bei einer Person, sofern es nur 'richtig klingt', und zwar zu allererst für diese Person - ein Schallereignis 'ist ein a' bei jemandem, wenn es für ihn 'wie ein a klingt'. Eine solche Annahme ist jedoch nur bei einer auditiven, nicht aber bei einer artikulatorischen Lautauffassung möglich.

1.2 Auditive Auffassung: vorläufige Formulierung

Wir prüfen den folgenden Gedanken:

(1.8) *Auditive Auffassung: vorläufige Formulierung.* Jeder Laut ist eine Menge von auditiven Funktionen: von Funktionen, die jeweils einer Person eine auf sie relativierte auditive Eigenschaft von Schallereignissen zuordnen, d.h. eine Eigenschaft, die durch eine Art des 'Klingens' von Schallereignissen bestimmt ist.

Daß man Funktionen und nicht Eigenschaften als Elemente von Lauten wählen muß, ergibt sich wie bei artikulatorischen Eigenschaften und Funktionen (§ 1.1). In Analogie zu 'Nasal bei P' können wir zunächst definieren:

(1.9) *Definition.* a-Eindruck bei P = die Eigenschaft, ein Schallereignis zu sein, das für P 'wie ein a klingt'.

("Das für P 'wie ein a klingt'" soll nicht implizieren, daß P das Schallereignis tatsächlich wahrnimmt. Hiermit wird ein Problem der Potentialität angesprochen, dessen Lösung ich dem Logiker überlassen muß). Wir argumentieren wie bei artikulatorischen Eigenschaften: Es sei P* eine bestimmte Person. Worauf P* beim Sprechen gegebenenfalls abzielt, ist ein Schallereignis mit der Eigenschaft a-Eindruck bei P*; das Ereignis soll zunächst einmal für P* selber 'wie ein a klingen'; insbesondere werden die Artikulationsvorgänge bei P* durch auditive Rückkopplung am eigenen Gehörseindruck kontrolliert. Normalerweise soll das Schallereignis auch für jeden, an den es gerichtet ist, 'wie ein a klingen': dies kommt noch hinzu.

Wie früher ergibt sich, daß ein Laut aus Funktionen wie a-Eindruck und nicht direkt aus Eigenschaften wie a-Eindruck bei P* bestehen sollte.

Bei Lauten ist die sprachwissenschaftliche Terminologie für auditive Eigenschaften völlig unterentwickelt. Dies könnte nicht nur historische, sondern auch sachliche Gründe haben.

Einmal mögen Kennzeichnungen vom Typ 'klingt wie ein a' - vgl. (1.9) - darauf hinweisen, daß auditive lautliche Eigenschaften für den Sprecher über exemplarische Schallereignisse (Prototypen) und Ähnlichkeitsrelationen bestimmt sind. Soweit ich weiß, ist jedoch eine Prototypenkonzeption in der Sprachwissenschaft bei Lauten bisher nicht erwogen worden.

Zum anderen können Laute als Mengen von *auditiven* Funktionen gekennzeichnet werden, indem man auf Mengen von *artikulatorischen* Funktionen zurückgreift. Dies gilt auch dann, wenn die auditiven Funktionen selber über Prototypen und Ähnlichkeitsrelationen definiert werden, wie es die Definition von "a-Eindruck" in (1.9) nahelegt. Manchen Sprachwissenschaftlern mag eine auditive Lautauffassung als sekundär gegenüber einer artikulatorischen erschienen sein, weil sich auditiv verstandene Laute aufgrund von artikulatorischen Funktionen charakterisieren lassen, eine Möglichkeit, der man in der Tat einen systematischen Stellenwert einräumen sollte.

Ich stelle als nächstes die Mittel bereit, um die auditive Lautauffassung (1.8) zu präzisieren und auditive Laute auf artikulatorischer Basis zu kennzeichnen.

1.3 Präzisierungen

(1.10) *Variablen*

a. Jeder der Buchstaben "P", "P_1", ... stehe für beliebige Personen mit biologisch normalem Artikulations- und Hörvermögen.

b. "e", "e_1", ...: für beliebige Schallereignisse und Teile von Schallereignissen.

c. "ϕ", "ϕ_1", ...: für beliebige Eigenschaften von Entitäten e.

d. "Φ", "Φ_1", ...: für beliebige Mengen von Entitäten ϕ.

e. "l", "l_1", ...: für beliebige Funktionen, deren Argumente Entitäten P und deren Werte Entitäten ϕ sind.

f. "L", "L_1", ...: für beliebige Mengen von Entitäten l.

"P" soll an "Person" erinnern, "e" an "Ereignis", "l" an "lautlich", "L" an "Laut". Man beachte jedoch die Festlegungen im einzelnen.

(1.11) *Definitionen*

a. l ist eine *artikulatorische Funktion* genau dann, wenn für alle P gilt: l(P) ist durch Eigenschaften von Artikulationsvorgängen bei P definiert.

b. ϕ ist eine *artikulatorische Eigenschaft* bei P genau dann, wenn es eine artikulatorische Funktion l gibt, so daß ϕ = l(P).

c. l ist eine *auditive Funktion* genau dann, wenn für alle P gilt: l(P) ist die Eigenschaft, ein e zu sein, das für P 'auf bestimmte Weise klingt' (vgl. (1.9)), oder l(P) ist durch Eigenschaften oder Beziehungen des Klingens-für-P definierbar.

d. ϕ ist eine *auditive Eigenschaft* bei P [wie (b), mit "auditive" statt "artikulatorische"].

e. e *realisiert* L bei [bezüglich] P genau dann, wenn für alle l ε L gilt, e hat l(P).

f. (Definition der *Strich-Funktion*)
L' = die Menge der l, für die gilt:
(i) l ist eine auditive Funktion;
(ii) für alle e und P, wenn e L bei P realisiert, dann hat e l(P).

Bei auditiver Auffassung ist ein Laut eine Menge auditiver Funktionen. Mit Hilfe der Strich-Funktion ist es möglich, einen so verstandenen Laut auf artikulatorischer Basis zu kennzeichnen (was keine *Definition* des Lautes darstellen muß). Es sei etwa [n] = {Nasal, ...} wie in (1.7), wo Nasal usw. artikulatorische Funktionen wie in (1.5) sind. Dann ist

(1.12) [n]' = die Menge der auditiven Funktionen l, für die gilt: Für alle e und P, wenn e [n] bei P realisiert, dann hat e die Eigenschaft l(P).

[n] ist eine Menge von *artikulatorischen* Funktionen, [n]' jedoch eine Menge von *auditiven*, die aufgrund von [n] vollständig gekennzeichnet wird, ohne daß ihre Elemente - die auditiven Funktionen - identifiziert würden.

Nach (1.11e) und (1.7) bedeutet "e realisiert [n] bei P", daß e die artikulatorischen Eigenschaften Nasal bei P (s. (1.5)), Alveolar bei P usw. hat. Die auditiven Funktionen l sind also so beschaffen, daß bei beliebigen Schallereignissen e und Personen P gilt: Daß e alle diese *artikulatorischen* Eigenschaften bei P hat, ist *hinreichend* - aber nicht notwendig - dafür, daß es auch die *auditiven* Eigenschaften hat, die für die Person P durch die Funktionen l festgelegt werden. Als eine solche Funktion l käme etwa in Frage 'klingt nasal für' (dagegen kaum: 'klingt alveolar für'), was in Analogie zu "a-Eindruck" in (1.9) definiert werden könnte.

Allgemein besteht zwischen Realisieren und der Strich-Funktion der folgende, aus den Definitionen beweisbare Zusammenhang:

(1.13) Wenn e L bei P realisiert, dann realisiert e auch L' bei P.

Umgekehrt kann jedoch ein Schallereignis e sehr wohl die Menge L' von auditiven Funktionen realisieren, ohne L zu realisieren; insbesondere ist es nur hinreichend, aber nicht notwendig für ein 'auditives Realisieren', daß ein entsprechendes 'artikulatorisches' vorliegt.

Realisierung und Strich-Funktion erlauben es, verallgemeinerte - nicht auf Laute beschränkte - Begriffe der 'artikulatorischen Basis' und des 'akustischen Korrelats' einzuführen (zu "ϕ" vgl. (1.10d)):

(1.14) *Definitionen.* Es sei L eine Menge von auditiven Funktionen.

a. L_1 ist eine *artikulatorische Basis* von L genau dann, wenn gilt:

(i) L_1 ist eine Menge von artikulatorischen Funktionen.

(ii) $L = L_1'$.

b. Φ ist ein *akustisches Korrelat* von L bei P genau dann, wenn gilt:

(i) Φ ist eine Menge von akustischen Eigenschaften.

(ii) Für jedes e gilt: Hat e jede Eigenschaft $\phi \in \Phi$, so realisiert e L bei P.

(iii) Φ ist eine größte Menge, die (i) und (ii) genügt, d.h. für jede Menge Φ_1 von akustischen Eigenschaften, die (ii) genügt: Φ ist nicht echte Teilmenge von Φ_1.

Offensichtlich kann für ein gegebenes L mehr als eine artikulatorische Basis existieren und ebenso mehr als ein akustisches Korrelat für gegebenes L und P. Man beachte, daß der Begriff des akustischen Korrelats vom Begriff der artikulatorischen Basis unabhängig und deshalb mit dem Programm der *Sprachsynthese* vereinbar ist. Dieses Programm läßt sich im lautlichen Bereich so kennzeichnen: 1. Bei hinreichend vielen Sprechern einer Sprache sollen für jeden Laut ihrer Idiolektsysteme die Mengen akustischer Eigenschaften ermittelt werden, die bei dem gegebenen Sprecher akustische Korrelate des Lautes sind. 2. Entsprechende Schallereignisse sollen maschinell erzeugt werden.

Alle hier definierten Begriffe sind bei Lauten anwendbar.

1.4 Auditive Auffassung

Die auditive Lautauffassung kann nun gegenüber (1.8) präzisiert werden:

(1.15) *Auditive Lautauffassung.* Jeder Laut ist eine Menge L, für die gilt: Es gibt eine Menge L_1 von artikulatorischen Funktionen, so daß $L = L_1'$.

Dies soll akzeptiert werden.

Erläuterung 1. "Laut" in (1.15) meint "Laut eines gegebenen sprachlichen Systems". An dieser Stelle möchte ich ein für allemal hervorheben:

(i) "Laut", "Ton" und alle darauf aufbauenden Begriffe sind grundsätzlich auf sprachliche Systeme relativiert (bei Namen von artikulatorischen und auditiven Funktionen und Eigenschaften lege ich mich nicht fest); vollständig müßten die Ausdrücke lauten: "L ist ein Laut von S", "... ist ein Ton von S" usw.

(ii) Die Relativierung bleibt in den meisten Formulierungen implizit.

(iii) Die sprachlichen Systeme werden nicht als Systeme von Sprachen oder Sprachausprägungen (z.B. Dialekten) aufgefaßt, sondern als Systeme von Idiolekten, in einem *vertretbaren* Sinne von Idiolekt.

Die Gründe für (iii) sowie die Behandlung von Sprach- und Sprachausprägungssystemen auf der Grundlage von Idiolektsystemen bleiben hier unerörtert. (Näheres vgl. Lieb 1983: Part A).

Erläuterung 2. Ich setze eine Sprachtheorie voraus, nach welcher der lautliche Teil eines Idiolektsystems eine *phonetische* und eine *phonologische* Ebene hat. Dementsprechend unterscheide ich (weniger abstrakte) *phonetische* und (abstraktere) *phonologische* Laute. Ihre Namen können wie üblich mit eckigen Klammern ([]) bzw. Schrägstrichen (//) gebildet werden. Die auditive Lautauffassung gilt für beide. Die unterschiedliche Abstraktheit, die wenigstens einige phonologische von den entsprechenden phonetischen Lauten unterscheidet, kommt durch Unterschiede in der Zahl und Art der Funktionen zustande, aus denen die Laute jeweils bestehen.

Erläuterung 3. Schon aus formalen Gründen ist (1.15) keine Definition: Nicht jede Menge L der genannten Art braucht ein Laut zu sein. Ggfs. müßten einschränkende Bedingungen wie etwa die folgende hinzugefügt werden: Jede artikulatorische Basis von L besteht aus 'segmentalen' Funktionen - dabei wird eine Einteilung der artikulatorischen Funktionen in 'segmentale' und 'nicht-segmentale' vorausgesetzt.

Von den Annahmen zu Lauten will ich nur die folgenden formulieren, (die sich aus einer Definition von "Laut" ergeben mögen oder nicht):

(1.16) a. *Definition.* L_1 und L_2 sind *inkompatibel* genau dann, wenn für alle e_1, e_2 und P gilt: Realisiert e_1 L_1 bei P und e_2 L_2 bei P [vgl. (1.11e)], so haben e_1 und e_2 keinen gemeinsamen Teil.

b. Verschiedene Laute (desselben Systems) sind inkompatibel.

c. Jeder Laut ist nicht-leer und endlich.

Zwischen Lauten und Tönen bestehen zahlreiche Parallelen, wie sich im folgenden Abschnitt zeigt.

2 Töne

2.1 Grundgedanken

Nach jeder traditionellen Auffassung beruht ein Ton überwiegend oder ausschließlich auf 'Tonhöheneindrücken'. Auch meine eigene Konzeption hält sich in diesem allgemeinen Rahmen. Ich gehe bei ihr von den folgenden Grundgedanken aus.

Ein Schallereignis kann - nicht notwendig erschöpfend - in eine zeitlich geordnete Folge von kleinsten tonhöhenfähigen Abschnitten (KTA) zerlegt werden. Bei jeder Person P gibt es eine Folge von Tonhöhenstufen, die durch eine Relation Tiefer-als (Klingt für P tiefer als) zwischen Schallereignissen oder ihren Teilen geordnet wird. Die Tonhöhencharakterisierung eines Schallereignisses erfolgt, indem jeder KTA des Ereignisses genau einer Tonhöhenstufe zugeordnet wird.

Angenommen etwa, die Tonhöhenstufen bei einer Person P werden gemäß ihrer Reihenfolge durchnumeriert und ebenso die KTAs eines Sprechschall-Ereignisses e. Es könnten dann beispielsweise die folgenden Verhältnisse vorliegen:

(2.1)

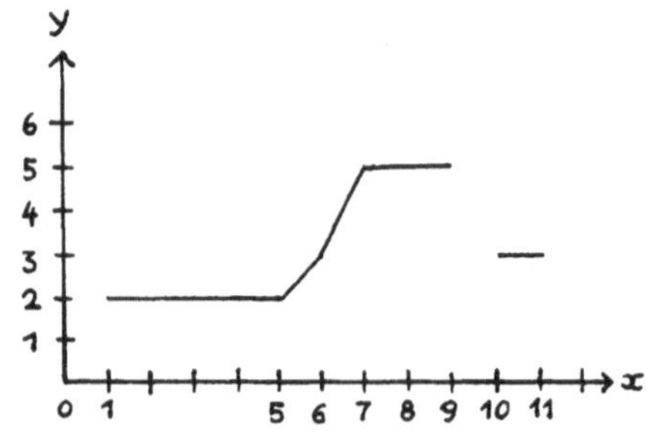

y-Achse: nach der Tieferrelation geordnete Folge der Tonhöhenstufen bei P; am tiefsten: 1
x-Achse: zeitlich geordnete Folge der KTAs von e; am frühesten: 1
Schnittpunkte (x,y): der x-te KTA von e gehört zu [ist Element von] der y-ten Tonhöhenstufe bei P.

Die Kurve kommt zustande, indem jeder relevante Schnittpunkt markiert wird und benachbarte Schnittpunkte miteinander verbunden werden, falls die betreffenden KTAs von e einen in e zusammenhängenden Abschnitt von e bilden (der 9. und 10. KTA von e bilden also zusammen keinen Abschnitt von e). Die Kurve repräsentiert die *Melodie* von e bei P, in einem noch zu klärenden Sinne.

Ein *Ton* ist eine Menge von auditiven Funktionen, die Personen Eigenschaften von Sprechschall-Ereignissen zuordnen, welche die Melodie solcher Ereignisse betreffen.

2.2 Tonhöhenstufen

Als Grundlage für die weiteren Begriffsbildungen wähle ich eine *asymmetrische, transitive, nicht konnexe* Relation (zu "e_1" und "e_2" vgl. (1.10b)):

(2.2) e_1 klingt für P höher als e_2,

mit ihrer *Umkehrrelation* Klingt-für-P-tiefer-als, wobei e_1 und e_2 *nicht-momentan* sind. (Begriffe wie "Früher", "momentan", "Teil" wären systematisch in einer mereologischen Theorie zu klären; vgl. etwa Tarski 1937.) Bei der Interpretation des Begriffs (2.2) ist zu beachten, daß Höher-Klingen *nicht* impliziert: P nimmt e_1 oder e_2 tatsächlich wahr. Die hiermit auftretenden Probleme der Potentialität hätte - wie ähnlich schon bei (1.9) bemerkt - der Logiker zu lösen.

Die Glieder von Klingt-für-P-höher-als sind die *tonhöhenfähigen* Schallereignisse bei P.

Als nächstes definiere ich die folgende reflexive und symmetrische Relation:

(2.3) *Definition.* Es seien e_1 und e_2 tonhöhenfähig bei P.
e_1 *klingt für P gleich hoch wie* e_2 g.d.w.g.: e_1 klingt für P weder höher noch tiefer als e_2.

Vorsichtshalber setze ich nicht voraus, daß diese Relation auch transitiv ist. Es handelt sich also um eine zweistellige Ähnlichkeitsrelation, aber nicht notwendig um eine Äquivalenzrelation. Eine Tonhöhenstufe ist eine Äquivalenzklasse zu Gleich-hoch-Klingen:

(2.4) a. "T", "T_1",... stehen für beliebige Mengen von Entitäten e.

b. *Definition.* T ist eine *Tonhöhenstufe* bei P g.d.w.g.: T ist eine größte Menge von tonhöhenfähigen e derart, daß beliebige Elemente e_1 und e_2 der Menge für P gleich hoch klingen.

Da Gleich-hoch-Klingen nicht als transitiv vorausgesetzt wurde, kann der Durchschnitt verschiedener Tonhöhenstufen bei P nicht-leer sein. Jedoch ist keine Stufe Teilmenge einer anderen. Ich nehme an:

(2.5) Die Menge der Tonhöhenstufen bei P ist endlich.

Die Tonhöhenstufen können zu einer *Folge* geordnet werden:

(2.6) *Definitionen*

a. Eine (nicht-leere) *Folge* ist eine Funktion, deren Argumente die Zahlen 1,...,n sind, für ein $n > 0$.

b. *Die Länge (lg) einer Folge* = das größte Argument der Folge.

c. *Das i-te Glied einer Folge* (i = 1,..., die Länge der Folge) = das x, für das gilt: (i,x) ist ein Element der Folge. [Ist f die Folge, so bezeichnet der Ausdruck "f(i)" das i-te Glied von f.]

Nach (a) ist eine Folge eine (nicht-leere) Menge von Paaren $\{(1,g_1),\ldots,(n,g_n)\}$, $n > 0$, wobei $g_1,\ldots,g_n$ irgendwelche, nicht notwendig verschiedenen Gegenstände sind und gilt: Verschiedene Paare in der Menge haben verschiedene erste Komponenten. (Die Zahlen sind die Argumente der Folge.)

Eine *Stufenfolge* wird nun folgendermaßen bestimmt:

(2.7) a. "τ", "τ_1", ... stehen für beliebige Mengen von Paaren (i,T) (wobei i irgendeine positive ganze Zahl ist).

b. τ ist eine (Tonhöhen-)*Stufenfolge* bei P g.d.w.g.:

(i) τ ist eine Folge.

(ii) Der Nachbereich von τ = die Menge der Tonhöhenstufen bei P.

(iii) Für alle i, e_1 und e_2, wenn

α. $i < lg(\tau)$,

β. $e_1 \in \tau(i)$ [e_1 ist Element des i-ten Gliedes von τ] und $e_1 \notin \tau(i+1)$,

γ. $e_2 \in \tau(i+1)$ und $e_2 \notin \tau(i)$,
dann

δ. e_1 klingt für P tiefer als e_2.

Ich nehme an (vgl. (1.9a) zu "P"):

(2.8) *Annahme*. Für alle P, es gibt wenigstens eine Stufenfolge bei P.

Es läßt sich zeigen, daß *höchstens eine* Stufenfolge existiert, so daß wir künftig von *der Stufenfolge bei P* sprechen können. Eine Tonhöhenstufe kann 'höher' oder 'niedriger' als eine andere sein und kann 'zwischen' zwei Schallereignissen e_1 und e_2 liegen:

(2.9) *Definitionen*

a. Es seien T_1 und T_2 Tonhöhenstufen bei P.

(i) T_1 ist *niedriger* als T_2 bei P g.d.w.g.: Für alle i und j, sind (i,T_1) und (j,T_2) aus der Stufenfolge bei P, so ist $i < j$.

(ii) T_1 ist *höher* als T_2 bei P g.d.w. T_2 niedriger als T_1 bei P ist.

b. e_1 und e_2 seien tonhöhenfähig bei P.

T *liegt zwischen* e_1 und e_2 bei P g.d.w. für alle τ = die Stufenfolge bei P gilt:

Es gibt ein $i < j < k \leq lg(\tau)$, so daß

(i) $e_1 \in \tau(i)$ und $e_2 \in \tau(k)$ oder umgekehrt;

(ii) $T = \tau(j)$.

T muß also in der Stufenfolge zwischen zwei Tonhöhenstufen auftreten, bei denen e_1 zu der ersten und e_2 zu der zweiten gehört oder umgekehrt.

Mit Hilfe von (2.9b) führe ich nun den Begriff des *Abstands* zwischen Schallereignissen ein.

2.3 Tonhöhenabstände

(2.10) *Definition.* e_1 und e_2 seien tonhöhenfähig bei P.
Der (Tonhöhen-)Abstand zwischen e_1 *und* e_2 *bei* P (abst(e_1,e_2,P)) = das n, für das entweder (a) oder (b) gilt:
a. Es gibt eine Tonhöhenstufe T bei P, so daß $e_1 \varepsilon$ T und $e_2 \varepsilon$ T; und n = 0.
b. Es gibt keine Tonhöhenstufe T bei P, so daß $e_1 \varepsilon$ T und $e_2 \varepsilon$ T; und n = 1 + die Anzahl der T_1, die bei P zwischen e_1 und e_2 liegen.

(In (b) muß 1 addiert werden, da die Anzahl der T_1 = 0 sein kann.)

Mit Hilfe von "Abstand" definiere ich eine vierstellige Relation der Abstandsähnlichkeit:

(2.11) *Definition.* $e_1,\ldots,e_4$ seien tonhöhenfähig bei P.
e_1 und e_2 *liegen bei* P *höchstens so nah zusammen wie* e_3 und e_4 ($e_1,e_2 \lesssim_P e_3,e_4$) genau dann, wenn gilt: Der Abstand zwischen e_1 und e_2 bei P $\geq$ der Abstand zwischen e_3 und e_4 bei P.

Es läßt sich zeigen:

(2.12) Höchstens-so-nah-Zusammenliegen-bei-P ist eine schwache vierstellige komparative Ähnlichkeitsrelation auf dem Feld von Klingt-für-P-höher-als,

d.h. $\lesssim_P$ erfüllt *fünf der sechs Kutschera-Axiome:*

Für alle bei P tonhöhenfähigen $e_1,\ldots,e_6$: A1. $e_1,e_2 \lesssim_P e_3,e_4$ oder umgekehrt. - A2. $e_1,e_2 \lesssim_P e_3,e_4$ und $e_3,e_4 \lesssim_P e_5,e_6$ impliziert $e_1,e_2 \lesssim_P e_5,e_6$. - A3. $e_1,e_2 \lesssim_P e_3,e_4$ impliziert $e_2,e_1 \lesssim_P e_3,e_4$. - A4. $e_1,e_2 \lesssim_P e_3,e_4$ impliziert $e_1,e_2 \lesssim_P e_4,e_3$. - A5. $e_1,e_2 \lesssim_P e_3,e_3$. (Vgl. Kutschera 1975: 197, Lieb 1980: § 3.2.)

Für die Formulierung des sechsten Axioms definiere ich zunächst - zusammen mit zwei anderen - einen Begriff des Gleich-nah-Zusammenliegens:

(2.13) $e_1, \ldots, e_4$ seien tonhöhenfähig bei P.

a. e_1 und e_2 *liegen bei* P *ebenso nah zusammen wie* e_3 und e_4 (e_1, e_2 und e_3, e_4 sind bei P *abstandsgleich*; $e_1, e_2 =_P e_3, e_4$) g.d.w.g.: $e_1, e_2 \lesssim_P e_3, e_4$ und umgekehrt [d.h. abst(e_1, e_2,P) = abst(e_3, e_4,P)].

b. e_1 und e_2 *liegen bei* P *näher zusammen als* e_3 und e_4 ($e_1, e_2 <_P e_3, e_4$) g.d.w.g.: nicht $e_3, e_4 \lesssim_P e_1, e_2$ [d.h. abst(e_1, e_2,P) < abst(e_3, e_4,P)].

c. e_1 und e_2 sind *lagegleich bei* P ($e_1 \sim_P e_2$) g.d.w. für alle bei P tonhöhenfähigen Schallereignisse e gilt: $e_1, e =_P e_2, e$.

Das sechste Kutschera-Axiom betrifft die Gleichheitsbeziehung $=_P$ in (a): A6. Für alle bei P tonhöhenfähigen e_1, e_2 und e_3: $e_1, e_2 =_P e_1, e_1$ impliziert $e_1, e_3 =_P e_2, e_3$.

Dies gilt nicht, solange wir für Klingt-gleich-hoch in (2.3) keine Transitivität voraussetzen. Es kann dann nämlich verschiedene Tonhöhenstufen T_1 und T_2 mit nicht-leerem Durchschnitt geben. Es sei e_1 aus T_1 ohne T_2, e_2 aus dem Durchschnitt von T_1 und T_2 und e_3 aus T_2 ohne T_1. Nach (2.10) ist abst(e_1, e_2,P) = 0 und abst(e_1, e_1,P) = 0, also $e_1, e_2 =_P e_1, e_1$. Ebenso ist abst(e_2, e_3,P) = 0. Andererseits gehört e_3 nur zu T_2 und nicht zu T_1, und e_1 gehört nur zu T_1 und nicht zu T_2. Vor allem aufgrund von (2.7) ergibt sich dann: Es gibt *keine* Tonhöhenstufe bei P, zu der sowohl e_1 als auch e_3 gehören. Also abst(e_1, e_3,P) > 0, nach (2.10), und somit nicht: abst(e_1, e_3,P) = abst(e_2, e_3,P), d.h. nicht: $e_1, e_3 =_P e_2, e_3$. Also gilt A6 - unter den angenommenen Voraussetzungen - nicht.

Wie sich hieraus ergibt, ist Abstandsgleichheit (Gleichnah-Zusammenliegen) im Sinne von (2.13) nicht notwendig transitiv - eine unschöne Konsequenz fehlender Transitivität bei Klingt-gleich-hoch-wie (2.3).

Andererseits dürfte sich Transitivität herstellen lassen, wenn wir sämtliche Überschneidungen zwischen Tonhöhenstufen vernachlässigen. Dies kann dadurch geschehen, daß wir Abstandsgleichheit in (2.13a) unter der zusätzlichen Voraussetzung definieren: Es gibt keine verschiedenen Tonhöhenstufen T_1 und T_2 bei P, so daß e_1 oder e_2 oder e_3 oder e_4 Element des Durchschnitts von T_1 und T_2 ist.

Tonhöhenstufen und -stufenfolgen liegen auch dem Begriff der Melodie zugrunde, der jetzt eingeführt werden soll.

2.4 Melodie und Melodiefunktionen

Auch wenn ein Schallereignis als ganzes nicht tonhöhenfähig ist, kann es doch tonhöhenfähige Abschnitte haben. Diese Abschnitte können ihrerseits aus tonhöhenfähigen Abschnitten bestehen. Irgendwann wird man jedoch zu *kleinsten* tonhöhenfähigen Abschnitten gelangen. Bei ihnen handelt es sich um die Glieder einer 'Stückelung' des Schallereignisses:

(2.14) a. "E", "E_1",... stehen für beliebige Mengen von Paaren (n,e), n > 0.

b. *Definition.* E ist eine *Stückelung* von e bei P g.d.w.g.:

(i) E ist eine Folge.

(ii) Für jedes Glied e_1 von E gilt:

α. e_1 ist ein Abschnitt von e (e_1 ist 'e während einer bestimmten Zeit').

β. Es gibt einen frühesten momentanen Abschnitt von e_1.

γ. e_1 ist tonhöhenfähig bei P.

(iii) Für alle i < lg(E), E(i) ist früher als E(i+1).

(iv) Für alle i,j = 1,...,lg(E) und i ≠ j, E(i) ≠ E(j).

(v) Jeder momentane Abschnitt eines tonhöhenfähigen Abschnitts von e ist Abschnitt eines Gliedes von E.

(vi) Für alle E_1, genügt E_1 den Bedingungen (i) bis (v), so ist die Länge von E_1 ≤ die Länge von E.

(iiβ) dürfte aus (iiγ) folgen. Wegen (iii) haben verschiedene Glieder keinen gemeinsamen Teil. ('Früher' ist *vollständige* Vorzeitigkeit. Es sei daran erinnert, daß Begriffe wie "Früher", "Teil", "Abschnitt" usw. in einer mereologisch orientierten Theorie zu explizieren wären, etwa Tarski 1937.) (v) schließt Wiederholung von Gliedern aus. - Mit (vi) wird sichergestellt, daß die Glieder von E 'so klein wie möglich' sind. Ich definiere deshalb:

(2.15) *Definition.* e_1 ist ein *kleinster tonhöhenfähiger Abschnitt* (KTA) von e bei P g.d.w.g.: e_1 ist Glied einer Stückelung von e bei P.

Die folgenden Annahmen sind vertretbar:

(2.16) a. Für alle e, es gibt höchstens eine Stückelung von e bei P.

b. Für alle e mit tonhöhenfähigen Abschnitten, es gibt wenigstens eine (also genau eine) Stückelung von e bei P.

Unter den Voraussetzungen von (b) sind die folgenden Definitionen sinnvoll:

(2.17) *Definitionen.* Es habe e einen bei P tonhöhenfähigen Abschnitt.

a. *Die Melodie von* e *bei* P = die Menge aller Paare (i,T), für die gilt: Ist E = die Stückelung von e bei P, so ist $i \in \{1,\ldots,lg(E)\}$ und T = die niedrigste Tonhöhenstufe T_1 bei P mit $E(i) \in T_1$.

b. Es sei e_1 ein Abschnitt von e.
Die relative Dauer von e_1 *in* e *bei* P = das i, für das gilt: Ist m = die Länge der Stückelung von e bei P und n = die Anzahl der Glieder der Stückelung, die mit e_1 einen Teil gemeinsam haben, so ist $i = n : m$.

Offensichtlich ist die Melodie wieder eine Folge, und zwar mit derselben Länge wie die Stückelung. Die Glieder der Folge sind Tonhöhenstufen. (Der Bezug auf die *niedrigste* Tonhöhenstufe - vgl. (2.9) - trägt der Tatsache Rechnung, daß sich verschiedene Tonhöhenstufen überschneiden können.) Zur Erläuterung vgl. man (2.1).

Kleinste tonhöhenfähige Abschnitte von e bei P haben einheitlich die relative Dauer 1 : m; in ihrer absoluten Dauer können sie sich natürlich unterscheiden.

Schallereignisse sind in ihren melodischen Eigenschaften durch 'Melodiefunktionen' genauer bestimmbar (zu "l" vgl. (1.9e)):

(2.18) a. "ρ", "ρ_1",... stehen für beliebige Beziehungen zwischen Entitäten e und P und Folgen τ (s. (2.7a)).

b. l ist eine *Melodiefunktion* genau dann, wenn es ein ρ gibt, so daß für alle Argumente P von l gilt: l(P) = die Eigenschaft, ein e zu sein, für das gilt:

(i) e hat einen bei P tonhöhenfähigen Abschnitt;

(ii) zwischen e, P und der Melodie von e bei P besteht ρ.

(Bedingung (i) ist Voraussetzung für die Anwendung des Melodiebegriffs in (ii).) Es sei etwa ρ_1 = die Beziehung zwischen beliebigen e, P und Folgen τ, die darin besteht, daß gilt: Das erste Glied von τ = das dritte Glied der Stufenfolge bei P [und e = e]. Es sei

(2.19) 1/3(P) $=_{df}$ die Eigenschaft, ein e zu sein, für das gilt:

(i) e hat einen bei P tonhöhenfähigen Abschnitt;

(ii) das erste Glied der Melodie von e bei P = das dritte Glied der Stufenfolge bei P.

(Die Melodie fängt also mit der dritten Tonhöhenstufe an.) Wegen ρ_1 ist 1/3 eine Melodiefunktion, nach (2.18b).

Die Funktion 1/3 ist zugleich eine auditive Funktion im Sinne von (1.11d); für beliebige Melodiefunktionen dürfte dies allerdings kaum gelten.

Melodiefunktionen bilden die Grundlage für Töne, verstanden als Einheiten eines sprachlichen Systems.

2.5 Hauptannahme zu Tönen

Bei der Definition von "Melodie" wurden beliebige Schallereignisse mit tonhöhenfähigen Abschnitten zugelassen. Töne sollen letzten Endes Silben zugeordnet werden; demgemäß werden sie von Schallereignissen realisiert, die silbische Abschnitte von Sprechschall-Ereignissen sind. Unter dieser Voraussetzung ist der in § 2.1 formulierte Grundgedanke vernünftig: Ein *Ton* ist eine Menge von auditiven Melodiefunktionen; von Funktionen also, die Personen solche auditiven Eigenschaften von Sprechschall-Ereignissen zuordnen, welche die Melodie der Ereignisse betreffen:

(2.20) *Hauptannahme zu Tönen.* Jeder Ton ist eine Menge L von auditiven Melodiefunktionen.

Erläuterung 1. Die Erläuterungen 1 und 2 zu (1.15) - Auditive Auffassung von Lauten - gelten auch für (2.20).

Erläuterung 2. 1/3 in (2.19) ist nur *ein* Beispiel für eine auditive Melodiefunktion. Was genau als Melodiefunktion bei Tönen in Frage kommt, muß hier offenbleiben. Es dürfte sich jedoch um Funktionen wenigstens der folgenden Typen handeln:

(i) Funktionen, welche die melodischen 'Grenzpunkte' eines Schallereignisses - 'Anfang', 'Ende' und 'Wendepunkte' - ihrer Anzahl nach bestimmen oder in ihrem Tonhöhencharakter festlegen.

Die Festlegung wird kaum darin bestehen, daß - wie in (2.19) - unmittelbar Tonhöhenstufen angegeben werden. Vielmehr dürfte eine Klassifizierung von Tonhöhenstufen in 'hohe', 'tiefe' u.ä. vorausgesetzt werden; die Funktionen legen dann für die Grenzpunkte nur die Art der Tonhöhenstufe fest. Allerdings muß die Klassifizierung kontextabhängig erfolgen, d.h. wenigstens unter Bezug auf die zeitliche Stellung eines Äußerungsteils in der Gesamtäußerung: Bekanntlich kann ein 'hoher' Teil zu Anfang einer Äußerung zu einer höheren Stufe gehören als ein 'hoher' Teil gegen Ende der Äußerung.

(ii) Funktionen, welche die relative Dauer (2.17b) von Schallereignis-Teilen näher bestimmen, die melodiebezogen abgegrenzt sind.

(iii) Funktionen, welche Tonhöhenabstände (2.10) zwischen Äußerungsteilen, insbesondere Grenzpunkten, näher bestimmen.

Erläuterung 3. Es ist denkbar, daß man als Elemente von Tönen 'Intensitätsfunktionen' auch dann zulassen sollte, wenn sie nicht mehr unter den Begriff der Melodiefunktion fallen. Ich habe das vorläufig ausgeschlossen.

Erläuterung 4. Die Begriffe der artikulatorischen Basis und des akustischen Korrelats sind bei Tönen und Lauten in gleicher Weise anwendbar (vgl. (1.14)).Anders als Laute in (1.15) werden jedoch Töne in (2.20) nicht aufgrund einer artikulatorischen Basis bestimmt: Es ist nur unzureichend bekannt, wie genau bei einem Ton die artikulatorischen Basen beschaffen sind.

Erläuterung 5. Wie bei Lauten (vgl. (1.16)) nehme ich auch bei Tönen an:

(2.21) a. Verschiedene Töne (desselben Systems) sind inkompatibel (im Sinne von (1.16a)).
b. Jeder Ton ist nicht-leer und endlich.

Erläuterung 6. Es ist besonders hervorzuheben, daß sämtliche in den §§ 2.1 bis 2.4 eingeführten Begriffe außer mereologischen Begriffen wie Teil und Früher nur einen einzigen *auditiven* Grundbegriff voraussetzen: Klingt-für-P-höher-als (2.2). Dies ist deshalb bemerkenswert, weil traditionelle 'paradigmatische' Begriffe wie Tonhöhenstufe und Abstand auf dieser Basis - also durch Rückgriff auf eine 'syntagmatische' Relation - definiert werden konnten. Erst beim Übergang zu Tönen muß man damit rechnen, daß zusätzliche 'paradigmatische' Begriffe erforderlich werden (s.o. Erläuterung 2).

Töne werden Silben zugeordnet. Um diese Beziehung genauer zu fassen, muß der Silbenbegriff wenigstens ansatzweise geklärt werden.

3 Ton und Silbe

3.1 Silben

Silben bestehen nach traditioneller Auffassung aus Lauten. Ich werde einen Silbenbegriff verwenden, nach dem eine Silbe nicht einfach als eine Folge von Lauten verstanden wird, sondern immer Silbe *von* einem Wort oder *von* einem Satz ist. Ich unterscheide also *Wort-* und *Satzsilben* und *phonetische* und *phonologische Silben* je nachdem, ob es sich um phonetische oder phonologische Wörter oder Sätze handelt. Um eine einheitliche Behandlung zu ermöglichen, bezeichne ich als *Silbenrahmen* jedes phonetische oder phonologische Wort und jeden solchen Satz. (Sowohl Wörter als auch Sätze werden hier als rein formale Objekte, also unter Ausschluß von Bedeutungen, vorausgesetzt.)

Ein *Silbenrahmen* besteht aus einer Folge von (phonetischen bzw. phonologischen) Lauten und einer (phonetischen bzw. phonologischen) Struktur. "Folge" ist dabei wie in (2.6) zu verstehen. Die Folge von Lauten, die zu einem Silbenrahmen gehört, heißt *die Lautfolge* des Rahmens.

Die *Struktur* des Rahmens ist so beschaffen, daß sie eine *Einteilung* der Lautfolge des Rahmens *in Silben* festlegt, gemäß den folgenden Annahmen:

(3.1) Für jeden Silbenrahmen gilt:

a. Jede Silbe des Rahmens ist eine nicht-leere Teilmenge der Lautfolge des Rahmens.

b. Ist der Rahmen ein Satz, so ist jedes Element der Lautfolge des Rahmens Element wenigstens einer Silbe des Rahmens.

c. Jede Silbe des Rahmens ist in der Lautfolge des Rahmens *ununterbrochen* (d.h. für alle n_1, n_2, n_3 und Laute L_1, L_2 und L_3: Sind (n_1, L_1) und (n_2, L_2) Elemente der Silbe, ist (n_3, L_3) ein Element der Lautfolge und ist $n_1 < n_3 < n_2$, so ist auch (n_3, L_3) ein Element der Silbe).

d. Von zwei verschiedenen Silben des Rahmens ist keine eine Teilmenge der anderen.

e. Unter einem *Gelenk* zwischen zwei Silben des Rahmens werde eine nicht-leere ununterbrochene Teilmenge der Lautfolge des Rahmens verstanden, die eine Teilmenge des *Auslauts* der einen Silbe ist (d.h. des Teils *nach* dem *Nukleus* der Silbe) und eine Teilmenge des *Anlauts* der anderen (also des Teils *vor* dem Silbennukleus). Es gilt: Der Durchschnitt zweier verschiedener Silben des Rahmens ist nur dann nicht-leer, wenn er ein Gelenk zwischen den Silben bildet.

Bei (b) war die Einschränkung auf Sätze nötig: Es gibt unsilbische Wörter, die sich jedoch in einem Satz mit Silben anderer Wörter zu Satzsilben verbinden; vgl. *s* als unsilbische Kurzform von *es*, die sich in *tu's* mit *tu* zu dem einsilbigen phonetischen Satz [t^hu:s]' verbindet.

Als Beispiel für (e) nehme man $\{(3, [t]')\}$ als Teilmenge der Lautfolge $[bIt\partial]' = \{(1,[b]'), (2, [I]'), (3, [t]'), (4, [\partial]')\}$ des phonetischen Wortes *bitte* im Deutschen: Die Silben des Wortes sind $\{(1, [b]'), (2, [I]'), (3, [t]')\}$ und $\{(3, [t]'), (4, [\partial]')\}$; der Auslaut $\{(3, [t]')\}$ der ersten ist zugleich Anlaut der zweiten.

In diesen Beispielen habe ich bereits Konventionen zur abgekürzten Bezeichnung von Folgen benutzt:

(3.2) a. Mehrgliedrige Folgen können durch Hintereinanderschreiben von Namen ihrer Glieder bezeichnet werden.

b. Beliebige nicht-leere Teilmengen von Folgen können durch Hintereinanderschreiben von Ausdrücken bezeichnet werden, die jeweils einem Paar aus der Folge entsprechen: Ein Name der zweiten Komponente des Paares, etwa eines Lautes, wird mit einer Ziffer indiziert, welche die erste Komponente bezeichnet: $[t]'_3\ [\partial]'_4 = \{(3, [t]'), (4, [\partial]')\}$.

c. Bei (a) und (b) brauchen einschließende Symbole nur je einmal - links bzw. rechts - gesetzt zu werden: $[t_3\partial_4]' = [t]'_3\ [\partial]'_4$.

Relativ zu Silbenrahmen kann nun der Begriff der Silbenfolge eingeführt werden.

3.2 Silbenfolgen

Nach (3.1a) ist jede Silbe Teilmenge der Lautfolge des Rahmens. Aufgrund von (3.1d) ergibt sich dann, daß man die Silben des Rahmens - falls sie existieren - ihrerseits zu genau einer Folge ordnen kann:

(3.3) a. "F", "F_1",... stehen für beliebige Mengen von Paaren (n,L).

b. "G", "G_1",... stehen für beliebige Mengen von Paaren (n,F).

Ich führe den folgenden Begriff ein:

(3.4) *Definition.* Für jeden Silbenrahmen gilt: *die Silbenfolge des Rahmens* = das größte G mit: Für alle $(i,F) \in G$ gilt:

a. F ist eine Silbe des Rahmens.

b. Es sei n die Anzahl der Silben des Rahmens und $n > 0$
Dann gilt:

(i) $i \in \{1,...,n\}$.

(ii) Für alle $(i_1,F_1) \in G$ mit $i < i_1$: Es gibt ein $(j,L) \in F$, so daß für alle $(j_1,L_1) \in F_1$ gilt: $j < j_1$.

Wegen (a) ist die Silbenfolge leer, wenn es keine Silbe gibt. Anderenfalls vergleichen wir gemäß (b) bei jeder Silbe die 'Stellennummern' der auftretenden Laute mit den 'Stellennummern' der Laute in allen übrigen Silben und ordnen der gegebenen Silbe alle Silben nach, für die gilt: Wenigstens eine Stellennummer in der gegebenen Silbe ist kleiner als jede Stellennummer in den übrigen Silben. Aus (3.1a,d) ergibt sich, daß hierbei in der Tat genau eine Folge im Sinne von (2.6) entsteht, sofern der Rahmen überhaupt eine Silbe hat; die Silbenfolge ist also entweder eine Folge, oder sie ist leer.

So hat in dem früheren Beispiel das phonetische Wort *bitte* die Silben [bIt]' (vgl. (3.2a,c)) und $[t_3\partial_4]'$ (vgl. (3.2b,c)). Die Silbenfolge ist $[bIt]'[t_3\partial_4]' = \{(1, [bIt]'), (2, [t_3\partial_4]')\}$.

Aus (3.1b) und der Definition von "Silbenfolge" ergibt sich:

(3.5) Die Silbenfolge eines Satzes ist nicht-leer.

Für Wörter gilt Entsprechendes nicht.

Im übrigen beziehen sich alle Annahmen und Definitionen, die im Zusammenhang mit Silbenfolgen gemacht oder getroffen werden, unterschiedslos auf Wörter und auf Sätze, sei es auf der phonetischen oder der phonologischen Ebene. Nun wird man zu einem Satz genau eine Folge von Wörtern derselben Ebene postulieren, so daß der Satz durch geeignete Operationen aus dieser Folge hervorgeht: Die Lautfolge des Satzes geht aus den Lautfolgen der Wörter hervor, in der Reihenfolge der Wörter, und die (phonetische bzw. phonologische) Struktur des Satzes aus den Wortstukturen. Damit sollte auch die Silbenfolge des Satzes aus den Silbenfolgen der Wörter hervorgehen.

Ich habe völlig offengelassen, wie entsprechende Operationen aussehen müßten. Es sei jedoch auf einen wichtigen Punkt hingewiesen: Die Operationen können nicht rein formaler Natur sein, etwa bloße Verkettungsoperationen, und zwar schon aus folgendem Grund.

In der Lautfolge eines Satzes können Silbengelenke im Sinne von (3.1e) nicht nur zwischen Silben auftreten, die Silben eines einzigen Wortes der zugehörigen Wortfolge entsprechen, sondern auch zwischen Silben, die der letzten und der ersten Silbe benachbarter Wörter der Wortfolge entsprechen. Dabei können der letzte Laut des ersten Wortes und der erste des zweiten durch einen einzigen - unter Umständen neuen - Laut ersetzt werden.

Ich werde später unmittelbar Lautfolgen und Silben von *Sätzen* betrachten und nicht von den zugrunde liegenden Wörtern ausgehen. Ich brauche mich daher nicht festzulegen, wie genau die Operationen beschaffen sind, die Wortfolgen in Sätze überführen.

3.3 Tonhöhenverläufe und Silbenfolgen

Wir betrachten weiterhin Silbenrahmen, also phonetische oder phonologische Wörter oder Sätze.

Die (phonetische oder phonologische) Struktur eines Silbenrahmens enthält als *eine* Komponente eine Intonation, *die Intonation des Rahmens*. (Ich nehme also an, daß Intonationen in beliebigen Sprachen durch *sprachliche Systeme* determiniert werden und nicht erst in der Rede; und zwar bei Wörtern ebenso wie bei Sätzen.) Den genaueren Charakter von Intonationen lasse ich unerörtert. Jedoch nehme ich an:

(3.6) Für jeden Silbenrahmen gilt:

a. Bei nicht-leerer Silbenfolge legt die Intonation des Rahmens genau eine Folge von Tönen fest.

b. *Definition. Der Tonhöhenverlauf* [*der Intonation*] *des Rahmens* = die Folge gemäß (a), wenn die Silbenfolge des Rahmens nicht-leer ist; die leere Menge sonst.

c. Bei nicht-leerer Silbenfolge ist die Länge des Tonhöhenverlaufs des Rahmens = die Länge der Silbenfolge des Rahmens.

d. *Definition.* F sei ein Glied der Silbenfolge des Rahmens und L sei ein Ton. F *hat* L *in* dem Rahmen genau dann, wenn gilt: Für alle i, ist (i,F) ein Element der Silbenfolge des Rahmens, so ist (i,L) ein Element des Tonhöhenverlaufs des Rahmens.

Der genaue Sinn von "festlegen" in (a) hängt davon ab, wie man Intonationen im einzelnen auffaßt. Mit (a) wird impliziert, daß Töne bei Wortintonationen nicht nur in Tonsprachen, sondern in beliebigen Sprachen eine Rolle spielen, eine Annahme, die hier nicht erörtert zu werden braucht.

Aus (3.6) folgt zunächst: Die m-te Silbe F der Silbenfolge hat *wenigstens* einen Ton - im definierten Sinn von "haben" -, nämlich den m-ten Ton L des Tonhöhenverlaufs. (Es gilt: Für alle i, ist (i,F) ein Element der Silbenfolge, so ist i = m; aus (bii) in (3.4) folgt, daß sich Silben in der Folge nicht wiederholen können. Wenn also (n,L) ein Element des Tonhöhenverlaufs ist, dann gilt für alle i, ist (i,F) ein Element der Silbenfolge, so ist (i,L) ein Element des Tonhöhenverlaufs. Also hat F L, nach (d).) Angesichts gewisser Probleme in Tonsprachen könnte es sich empfehlen, die Annahme *wenigstens* eines Tones für jede Silbe auf *Satz*silben einzuschränken (durch Modifizierung von (c)).

Aus (3.6) folgt ferner: Die m-te Silbe F hat *höchstens* einen Ton, nämlich den m-ten Ton L des Tonhöhenverlaufs. (Sie habe nämlich irgendwelche Töne L_1 und L_2. Nach (d) sind dann (m,L_1) und (m,L_2) Elemente des Tonhöhenverlaufs. Nach (b) ist dieser eine Folge. Aus der Definition von Folge (2.6a) ergibt sich damit: $L_1 = L_2$.)

Die m-te Silbe F hat somit *genau* einen Ton, nämlich den m-ten Ton L des Tonhöhenverlaufs. Aus (3.6) folgt dagegen *nicht: Nur* die m-te Silbe F hat den m-ten Ton des Tonhöhenverlaufs - anders als die Silben in der Silbenfolge können sich nämlich die Töne im Tonhöhenverlauf wiederholen.

Nach dieser Auffassung sind also die Töne des Tonhöhenverlaufs einzelnen Silben - also Gliedern - der Silbenfolge zugeordnet und nicht etwa einzelnen Lauten der Lautfolge oder einzelnen Teilmengen der Silbenfolge. Ich halte diesen Standpunkt für unaufgebbar, kann ihn hier jedoch aus Raumgründen nicht rechtfertigen. Immerhin sei darauf hingewiesen, daß ich die Silbentöne keineswegs als traditionelle *level tones* konstruiert habe: Zwar ist jeder Ton eine Menge von Funktionen, die melodiebezogene Eigenschaften von Schallereignissen spezifizieren; die Melodie eines Schallereignisses ist jedoch keineswegs als ganze auf eine einzelne Tonhöhenstufe festgelegt.

Wie schon bei den Lautfolgen brauche ich mich auch bei den Tonhöhenverläufen nicht zu entscheiden, welche Operationen den Tonhöhenverlauf eines Satzes mit den Verläufen der Wörter verbinden, die in der zugehörigen Wortfolge auftreten. Jedoch können diese Operationen erst recht nicht rein formaler Natur sein.

Die Begriffe Laut, Ton und Silbe sind hiermit hinreichend geklärt. In den Abschnitten 4 und 5 entwickle ich nun entsprechende Begriffe des Laut-, Ton- und Silben*segments* und stelle dar, welche Beziehungen bei *normalen Äußerungen* zwischen Lauten, Tönen und Silben einerseits und entsprechenden Segmenten andererseits bestehen.

4 Lautsegmente und Tonsegmente

4.1 Kernbereichsfolgen

Betrachten wir einen Silbenrahmen und eine *normale Äußerung* des Rahmens, also ein Schallereignis bestimmter Art. Zwischen dem Schallereignis und dem Silbenrahmen - genauer, Komponenten des Rahmens oder Entitäten, die durch ihn festgelegt sind - bestehen *Entsprechungsrelationen* unterschiedlicher Art.

Zunächst einmal *entspricht* die Äußerung sowohl der *Lautfolge* als auch dem *Tonhöhenverlauf* des Rahmens in dem Sinne, daß sie durch die eine wie den anderen in - jeweils unterschiedliche - Teile untergliedert wird. Grundlage für die Zuordnung von Äußerungsteilen zu den einzelnen Lauten bzw. Tönen sind die Funktionen, aus denen die Laute und Töne jeweils bestehen. Genauer muß eine 'Kernbereichsfolge' in dem folgenden Sinne existieren (zu "E" vgl. (2.14a), zu "F" (3.3a)):

(4.1) *Definition.* Es sei F die Lautfolge oder der (nicht-leere) Tonhöhenverlauf eines Silbenrahmens.

E ist eine *Kernbereichsfolge* zu e und F bei P

genau dann, wenn gilt:

a. E ist eine Folge.

b. Die Länge von E = die Länge von F ($lg(E) = lg(F)$).

c. Ist $i \in \{1,...,lg(E)\}$, so gilt:

(i) E(i) ist ein Abschnitt von e.

(ii) E(i) realisiert F(i) bei P [vgl. (1.11e)].

(iii) Es sei i ≠ lg(E) und F(i+1) = F(i). Es sei L_1 = die größte Menge L_3, für die gilt: Die Elemente von L_3 sind systemrelevante auditive Funktionen; L_3 und F(i) sind disjunkt; und E(i) realisiert L_3 bei P. Es sei L_2 die entsprechende Menge zu F(i+1) und E(i+1). Dann gilt: L_1 und L_2 sind nicht-leer und inkompatibel [vgl. (1.16a)].

(iv) Ist i ≠ lg(E), so ist E(i) nicht später als E(i+1).

(v) E(i) ist nicht echter Teil eines e_1, das seinerseits den Bedingungen (i), (ii) und (iv) genügt und das unter den Voraussetzungen von (iii) bei P L_1 realisiert.

Informell besagt die Definition folgendes.

Eine Kernbereichsfolge E zu der Lautfolge oder dem Tonhöhenverlauf F eines Silbenrahmens und einem Schallereignis e ist eine ebenso lange Folge von Abschnitten von e der folgenden Art. (Man beachte übrigens, daß Abschnitte e_1 von e *zusammenhängend in* e sind: Jeder Teil von e, der zugleich später ist als ein Teil von e_1 und früher als ein Teil von e_1, ist ein Teil von e_1.)

Das i-te Glied der Folge E realisiert bei der Person P den i-ten Laut bzw. Ton (s. (1.11e) zu "realisiert").

Wiederholt sich dieser Laut oder Ton unmittelbar in F, so sind das i-te Glied von E und das (i+1)-te Glied auf andere Art als durch die auditiven Funktionen in F(i) unterschieden: E(i) und E(i+1) realisieren unterschiedliche Mengen von 'systemrelevanten', im i-ten Laut oder Ton nicht enthaltenen auditiven Funktionen. Dies könnten beispielsweise Melodiefunktionen sein, wenn F eine Lautfolge ist. 'Systemrelevant' sind solche Funktionen, die für das zugrundeliegende sprachliche System 'eine Rolle spielen' oder für die das System 'eine Rolle spielt'. (Der Begriff der Kernbereichsfolge ist - ebenso wie die meisten anderen - auf sprachliche Systeme S zu relativieren, ein Bezug, den wir in den Definitionen gewöhnlich unausgedrückt lassen; vgl. Erläuterung 1 zu (1.15). Selbstverständlich sind die 'segmentalen' Funktionen, aus denen die Laute bestehen, systemrelevant, ebenso aber auch 'suprasegmentale' wie Melodiefunktionen oder solche der Lautheit oder der gehörten Dauer.)

Der Reihenfolge in F und E entspricht nach (iv) eine zeitliche Ordnung, auf die ich gleich zurückkomme. Schließlich ist jeder Teil des Schallereignisses, der zu E gehört, ein größter Teil seiner Art (Bedingungen (v)).

Es ergibt sich:

(4.2) Für alle F, P und e, ist F die Lautfolge oder der (nicht-leere) Tonhöhenverlauf eines Silbenrahmens, so gilt:

a. Für alle E und i, ist E eine Kernbereichsfolge zu e und F bei P und ist $1 \leq i < lg(E)$, so gilt:
(i) E(i) und E(i+1) haben keinen gemeinsamen Teil;
(ii) E(i) ist früher als E(i+1).

b. Es gibt höchstens eine Kernbereichsfolge zu e und F bei P.

Betrachten wir zunächst (ai). Entweder $F(i) \neq F(i+1)$ oder $F(i) = F(i+1)$. Im ersten Fall sind F(i) und F(i+1) verschiedene Laute oder verschiedene Töne, also inkompatibel nach (1.16b) und (2.21a). Nach (ii) in (4.1c) realisiert E(i) F(i) bei P und E(i+1) F(i+1). Also haben E(i) und E(i+1) keinen gemeinsamen Teil, nach (1.16a).

Es sei andererseits $F(i) = F(i+1)$. Dann ergibt sich derselbe Schluß wie eben mit Hilfe von (iii) in (4.1c), wobei L_1 für F(i) und L_2 für F(i+1) eintritt.

Also gilt (ai).

Betrachten wir ferner (aii). Bei einer vernünftigen, mereologisch orientierten Zeittheorie folgt dies aus (i) in (4.1c) - E(i) und E(i+1) sind Abschnitte, also zusammenhängende Teile von e; aus (ai) - sie haben keine gemeinsamen Teile; und (iv) in (4.1c) - E(i) ist nicht später als E(i+1).

Betrachten wir schließlich (b). Entscheidend hierfür ist (a) in Verbindung mit (v) in (4.1c) - die Glieder von E sind größte e-Abschnitte ihrer Art. (Q.E.D.)

Ich war einleitend von dem folgenden Gedanken ausgegangen: Eine normale Äußerung eines Silbenrahmens muß seiner Lautfolge und seinem Tonhöhenverlauf 'entsprechen', und das soll mindestens heißen: Zu der Äußerung und der Lautfolge bzw. dem Tonhöhenverlauf existiert eine Kernbereichsfolge. Dies ist nun expliziert. Die Kernbereichsfolge dürfte jedoch die Äußerung noch nicht erschöpfen, und die verbleibenden Äußerungsteile müssen ebenfalls besondere Bedingungen erfüllen, wenn Entsprechung vorliegen soll. Diese Bedingungen werden jetzt formuliert.

4.2 Der Begriff der Entsprechung

Eine Äußerung entspricht der Lautfolge oder dem Tonhöhenverlauf eines Silbenrahmens nur, wenn die Äußerungsteile *außerhalb* der Kernbereichsfolge durch die Lautfolge bzw. den Tonhöhenverlauf 'bedingt' sind. Bei diesen Äußerungsteilen handelt es sich um 'Vorläufe' und 'Nachläufe' in dem folgenden Sinn:

(4.3) *Definitionen.* Es sei F die Lautfolge oder der (nichtleere) Tonhöhenverlauf eines Silbenrahmens und E eine Kernbereichsfolge zu e und F bei P. Es sei $i \in \{1, \ldots, lg(E)\}$.

a. e_1 ist ein *Vorlauf* von e_2 in e bezüglich i und E g.d.w.g.:
   - (i) $e_2 = E(i)$,
   - (ii) e_1 ist ein Abschnitt von e,
   - (iii) kein Teil von e_1 ist ein Teil eines Gliedes von E,
   - (iv) e_1 ist nicht später als e_2,
   - (v) jeder Teil von e, der (ii) bis (iv) genügt, ist ein Teil von e_1.

b. e_1 ist ein *Nachlauf* von e_2 in e bezüglich i und E g.d.w.g.:
   - (i) - (iii), (v): wie in (a),
   - (iv) e_1 ist nicht früher als e_2.

c. Es sei $i \neq lg(E)$. e_1 ist eine *Verbindung* von e_2 und e_3 in e bezüglich i und E g.d.w.g.:
   - (i) $e_2 = E(i)$,
   - (ii) $e_3 = E(i+1)$,
   - (iii) e_1 ist ein Nachlauf von e_2 und ein Vorlauf von e_3 in e bezüglich i und E.

In Analogie zu (4.2b) ließe sich zeigen, daß es zu jedem Glied einer Kernbereichsfolge höchstens einen Vorlauf und höchstens einen Nachlauf gibt und daß ein Vorlauf früher und ein Nachlauf später ist als das Glied.

Ich verlange also: Eine Äußerung entspricht der Lautfolge oder dem Tonhöhenverlauf F eines Silbenrahmens nur dann, wenn es eine Kernbereichsfolge gibt, für die gilt: Alle Vor- und Nachläufe sind bei der Kernbereichsfolge durch die Lautfolge bzw. den Tonhöhenverlauf F *bedingt*. In erster Annäherung kann dies heißen: Wenn zu dem i-ten Glied der gegebenen Kernbereichsfolge E ein Vorlauf bzw. Nachlauf existiert, dann gibt es einen Vorlauf bzw. Nachlauf derselben Art bei *jeder* Äußerung und *jeder* Folge, die eine Kernbereichsfolge zu F ist, und zwar einen Vorlauf oder Nachlauf wieder zum i-ten Glied der Kernbereichsfolge. Die genaue Ausformulierung dieses Gedankens ist mühsam:

(4.4) *Definition*. Es sei F die Lautfolge oder der (nicht-leere) Tonhöhenverlauf eines Silbenrahmens und E eine Kernbereichsfolge zu e und F bei P.

e_1 ist in e bei E und P durch F *bedingt* g.d.w.g.:

a. Es gibt ein i und e_2 mit:
   (i) $i \in \{1, \ldots, lg(E)\}$,
   (ii) e_1 ist ein Vorlauf oder ein Nachlauf von e_2 in e bezüglich i und E.

b. Für alle i und e_2 gilt: Ist $i \in \{1, \ldots, lg(E)\}$, so gilt:
   (i) Ist e_1 ein Vorlauf von e_2 in e bezüglich i und E, so gibt es ein l mit:
      α. l ist auditiv,
      β. e_1 hat l(P),
      γ. für alle E_1, e_3 und P_1, ist E_1 eine Kernbereichsfolge zu e_3 und F bei P_1, so gibt es ein e_4 und e_5 mit:
         γ_1. e_4 ist ein Vorlauf von e_5 in e_3 bezüglich i und E_1,
         γ_2. e_4 hat $l(P_1)$.
   (ii) [Wie (i), aber mit "Nachlauf" statt "Vorlauf"].

Wir sind nunmehr imstande, den Kerngedanken für Entsprechung zu präzisieren: Eine Äußerung *entspricht* einer Lautfolge oder einem Tonhöhenverlauf, wenn es eine Kernbereichsfolge gibt, so daß jeder momentane Abschnitt der Äußerung zu einem Glied der Kernbereichsfolge oder zu einem bedingten Teil der Äußerung gehört; genauer:

(4.5) *Definition.* Es sei F die Lautfolge oder der (nicht-leere) Tonhöhenverlauf eines Silbenrahmens.

e *entspricht* F bei P g.d.w. es ein E gibt, so daß gilt:

a. E ist eine Kernbereichsfolge zu e und F bei P.

b. Für jeden momentanen Abschnitt e_1 von e gibt es ein e_2 mit:

(i) e_1 ist ein Abschnitt von e_2,

(ii) e_2 ist ein Glied von E, oder e_2 ist bei E und P durch F bedingt.

Eine *normale Äußerung* eines Silbenrahmens *entspricht* der Lautfolge und dem Tonhöhenverlauf in diesem Sinne:

(4.6) *Hauptannahme 1 zu normalen Äußerungen.* Für jede normale Äußerung e eines Silbenrahmens durch P gilt: Ist F die Lautfolge oder der nicht-leere Tonhöhenverlauf des Silbenrahmens, so entspricht e F bei P.

Es mag durchaus sein, daß hiermit an normale Äußerungen eine sehr strenge Forderung gestellt wird. Viele Äußerungen, die wegen unvollkommener Entsprechung nicht normal sind, mögen trotzdem relativ mühelos verstanden werden. Ich nehme an, daß in solchen Fällen der zugrunde liegende Silbenrahmen aufgrund von Indizien, die in der Äußerung auftreten, mehr oder weniger automatisch erschlossen wird. Mit Annahme (4.6) wird also keineswegs impliziert, daß Normalität einer Äußerung Voraussetzung für Verständlichkeit ist.

Die Begriffe des Vorlaufs und Nachlaufs sind nützlich für die Klärung des Entsprechungsbegriffs und können auch herangezogen werden, um die Begriffe von Laut- und Tonsegment zu klären.

4.3 Lautsegment- und Tonsegmentfolgen

Vorlauf und Nachlauf sind unabhängig von der Folge F - der Lautfolge oder dem Tonhöhenverlauf - bestimmt. Geht man von den Lauten oder Tönen in F aus, so erhält man die analogen Begriffe des Vorsegments und Nachsegments. Sie bezeichnen *Teile* von Vor- bzw. Nachläufen. Ein solcher Teil ist unter Bezug auf einen Laut oder Ton definiert; er muß nicht zusammenhängend sein und kann einen echten Teil des Vor- bzw. Nachlaufs bilden. Ferner kann man den Kernbereich eines Lautes oder Tones in der Äußerung bestimmen und kann das gesamte Laut- oder Tonsegment mit der 'Vereinigung' von Vorsegment, Nachsegment und Kernbereich gleichsetzen (allerdings muß man beachten, daß Vor- und Nachsegment nicht zu existieren brauchen):

(4.7) *Definitionen.* Es sei F die Lautfolge oder der (nichtleere) Tonhöhenverlauf eines Silbenrahmens und $i \in \{1,\ldots, lg(F)\}$.

a. e_1 ist ein *Vorsegment* von L in e bezüglich i, F und E bei P g.d.w.g.:
   - (i) E ist eine Kernbereichsfolge zu e und F bei P,
   - (ii) $L = F(i)$,
   - (iii) e_1 ist ein größter Teil von e, für den es ein e_2 und e_3 der folgenden Art gibt:
     - α. e_2 ist ein Vorlauf von e_3 in e bezüglich i und E,
     - β. jeder momentane Abschnitt von e_1 ist Abschnitt eines Abschnitts e_4 von e_2, so daß für die meisten, aber nicht für alle $l \in L$ gilt: e_4 hat $l(P)$.

b. e_1 ist ein *Nachsegment* von L in e bezüglich i, F und E bei P g.d.w.g.: [wie (a), aber mit "Nachlauf" statt "Vorlauf" in (iiiα)].

c. e_1 ist ein *Kern(bereich)* von L in e bezüglich i, F und E bei P g.d.w.g.:
   - (i) E ist eine Kernbereichsfolge zu e und F bei P,
   - (ii) $L = F(i)$,
   - (iii) $e_1 = E(i)$.

d. e_1 ist ein *L-Segment* in e bezüglich i, F und E bei P g.d.w. es einen Kern von L in e bezüglich i, F und E bei P gibt und e_1 ein kleinster Teil von e ist, für den gilt: Für alle e_2, ist e_2 ein Vorsegment, Kernbereich oder Nachsegment von L in e bezüglich i, F und E bei P, so ist e_2 ein Teil von e_1.

Wiederum ließe sich zeigen, daß zu gegebenen L, e, i, F, E und P *höchstens ein* Vorsegment, Nachsegment, Kernbereich und L-Segment existieren.

Die L-Segmente bilden ihrerseits eine Folge:

(4.8) *Definition.* Es sei F die Lautfolge oder der (nicht-leere) Tonhöhenverlauf eines Silbenrahmens.

E ist eine *Segmentfolge* in e bezüglich E_1 und F bei P g.d.w.g.:

a. E ist eine Folge.

b. Für alle i und e_1, $(i,e_1) \in E$ genau dann, wenn es ein L gibt, so daß e_1 ein L-Segment bezüglich i, F und E_1 bei P ist.

Wir unterscheiden Lautsegment-Folgen und Tonsegment-Folgen:

(4.9) *Definitionen*

a. E ist eine *Lautsegment-Folge* in e bezüglich E_1 und F bei P genau dann, wenn es einen Silbenrahmen gibt, so daß gilt:

(i) F ist die Lautfolge des Rahmens;

(ii) E ist eine Segmentfolge in e bezüglich E_1 und F bei P.

b. E ist eine *Tonsegment-Folge* in e bezüglich E_1 und F bei P [wie (a), mit "der (nicht-leere) Tonhöhenverlauf" statt "die Lautfolge"].

Im Unterschied zu einer Kernbereichsfolge können sich in einer Segmentfolge zwei unmittelbar aufeinanderfolgende Glieder überschneiden; es kann zwischen beiden einen 'Übergang' geben in dem folgenden Sinne:

(4.10) *Definition.* Es sei E eine Folge.

e_1 ist ein *Übergang* zwischen e_2 und e_3 in E g.d.w.g.:

a. e_1 ist ein Abschnitt von e_2;
b. e_1 ist ein Abschnitt von e_3;
c. es gibt ein $i < lg(E)$, so daß
(i) $e_2 = E(i)$,
(ii) $e_3 = E(i+1)$.

In einer *Segment*folge im Sinne von (4.8) bricht ein Übergang spätestens an den Kernbereichen der beiden Segmente ab: Die Kernbereiche haben nämlich keinen gemeinsamen Teil, nach (4.2), und die Vor- und Nachsegmente sind als Teile von Vor- und Nachläufen definiert (vgl. (iii) in (4.6a)), die ihrerseits an Kernbereichen per definitionem abbrechen (vgl. (ii) und (iii) in (4.3a)). Wenn also bei einem Kernbereich gilt: Die meisten Funktionen in dem Laut, der zu dem nächsten oder dem vorhergehenden Kernbereich gehört, legen Eigenschaften fest, die der Kernbereich schon oder noch hat, dann wird dies bei der Abgrenzung der Gesamtsegmente vernachlässigt. Die Kernbereiche gelten als ausschlaggebend für die Segmentkonstitution.

Der Kernbereich in einem Segment hat mit keinem anderen Segment einen Teil gemeinsam, und jedes Segment enthält genau einen Kernbereich. Aus (4.8b) und (4.2) ergibt sich dann, daß die Glieder einer Segmentfolge zeitlich geordnet sind in dem folgenden Sinn: Jedes Segment hat einen Teil - nämlich den in ihm enthaltenen Kernbereich - der früher ist als jedes folgende Segment.

Im übrigen dürfte gelten (ich habe dies nicht bewiesen):

(4.11) Es sei F die Lautfolge oder der nicht-leere Tonhöhenverlauf eines Silbenrahmens, und e entspreche F bei P. Dann gibt es genau ein E und E_1, so daß gilt: E ist eine Segmentfolge in e bezüglich E_1 und F bei P.

Diese Segmentfolge braucht allerdings e nicht zu erschöpfen: Ein Glied von E könnte z.B. einen Vorlauf haben. Dieser ist als ganzer durch F bedingt, vgl. (4.5). Es könnte trotzdem einen Teil des Vorlaufs geben, der weder zu einem Vorsegment noch zu einem Nachsegment gehört und der damit auch nicht Teil irgendeines Gliedes der Segmentfolge ist. Wegen solcher Möglichkeiten habe ich den Entsprechungsbegriff in (4.5) nicht über den Begriff der Segmentfolge definiert, sondern Kernbereichsfolgen und einen Begriff der Bedingtheit zugrunde gelegt.

Laut- und Tonsegmente werden durch einen einzigen Segmentbegriff abgedeckt. Silbensegmente fallen nicht mehr unter diesen Begriff. Der Begriff des Silbensegments soll nunmehr geklärt werden. Bei der Zuordnung von Laut- und Tonsegmentfolgen zu Silbensegmentfolgen wird die sprachtheoretische Rekonstruktion den größten Grad von Komplexität erreichen.

5 Tonsegmente und Silbensegmente

5.1 Zur Abgrenzung von Silbensegmenten

Wenn eine Äußerung einem Silbenrahmen entspricht, dann induzieren die Lautfolge und der Tonhöhenverlauf des Rahmens auf der Äußerung je eine Segmentfolge. Dasselbe müßte nun auch für die Silbenfolge gelten. Trotzdem wurden Silbenfolgen von der Betrachtung bisher ausgeschlossen. Dies hängt mit der folgenden Überlegung zusammen: Wegen der Beziehungen zwischen Silben- und Lautfolgen sollte es möglich sein, Silbensegment-Folgen aufgrund von Lautsegmentfolgen zu gewinnen.

Jedes Glied der Silbenfolge ist Teilmenge der Lautfolge des Rahmens, vgl. (3.4). Man könnte deshalb vorschlagen, ein 'Silbensegment' der Äußerung gleichzusetzen mit der 'Vereinigung' der Lautsegmente, die dem betreffenden Glied der Silbenfolge entsprechen. Dies führt jedoch zunächst auf drei Schwierigkeiten.

1. *Das Problem der bedingten Äußerungsteile.* Bei einer Äußerung eines Silbenrahmens braucht die Segmentfolge zu der Lautfolge des Rahmens die Äußerung nicht zu erschöpfen: Es kann durch die Lautfolge 'bedingte' Äußerungsabschnitte geben - im Sinne von (4.4) -, die zu keinem Lautsegment gehören (vgl. auch die Bemerkungen im Anschluß an (4.11)).

Ein Silbensegment sollte offenbar auch alle einschlägigen bedingten Abschnitte umfassen.

2. *Das Problem der Lautwiederholung an der Silbenperipherie.* Der erste oder der letzte Laut einer Silbe kann sich in der Lautfolge, des Silbenrahmens wiederholen, d.h. identisch sein mit dem Laut, der ihm in der Lautfolge unmittelbar vorausgeht oder unmittelbar folgt. Ich spreche dann von *Lautwiederholung an der Silbenperipherie.*

Von einem traditionellen Standpunkt aus scheint es bei einer Äußerung des Silbenrahmens unmöglich, dem ersten und dem zweiten Lautvorkommen verschiedene Segmente der Äußerung zuzuordnen. Damit stünden aber in der Äußerung auch die Silbensegment-Grenzen in Frage.

Tatsächlich haben wir dieses Problem bereits bei der Konzeption der Kernbereichsfolge gelöst; vgl. (ciii) in Definition (4.1) und allgemein § 4.1 zur Rolle von 'systemrevelanten Funktionen'.

Liegt also bei einer Silbe Lautwiederholung an der Peripherie vor, so kann man die Silbensegment-Grenzen trotzdem aufgrund der Lautsegment-Folge bestimmen.

3. *Das Problem der Silbenüberschneidung.* Eine Silbe *überschneidet* sich mit einer anderen, wenn beide ein Gelenk im Sinne von (3.1e) haben. Liegt gleichzeitig Lautwiederholung an der Überschneidungsstelle vor, so kann man in einer Äußerung die Silbensegment-Grenzen aufgrund der Lautsegment-Folge bestimmen.

Es handle sich jedoch um Silbenüberschneidung *ohne* Lautwiederholung. Wir haben dann nur *einen* Laut, der das Silbengelenk bildet, und entsprechend nur *ein* zugeordnetes Segment in der Lautsegment-Folge. In diesem Fall gibt es nur eine realistische Lösung: Das Segment, das der ersten Silbe entspricht, endet im *Kern* des Lautsegments, das dem letzten Laut dieser Silbe entspricht, und das Segment, das der zweiten Silbe entspricht, schließt sich übergangslos an, *beginnt* also im Kern des Lautsegments. Paradoxerweise ist die sog. Silbengrenze in der Äußerung selber am deutlichsten dort ausgeprägt, wo ein Laut der Lautfolge gleichzeitig zu zwei aufeinanderfolgenden Silben der Silbenfolge gehört: In diesem Fall sind in der Äußerung an der Silbengrenze Nach- und Vorsegmente ausgeschlossen.

Besteht das Silbengelenk beispielsweise aus einem Verschlußlaut L, so dürfte in der Äußerung das erste Silbensegment unmittelbar vor dem Teil des Kernbereichs von L enden, dem artikulatorisch das Lösen des Verschlusses entspricht; der Rest des Kerns gehört zum folgenden Silbensegment.

Allgemein postuliere ich:

(5.1) Es sei L ein *gelenkfähiger* Laut, d.h. ein Laut, für den es ein i und einen Silbenrahmen gibt, so daß {(i,L)} ein Gelenk zwischen zwei Silben des Rahmens ist.

a. *Annahme*. Es gibt genau eine größte endliche nichtleere Menge L_1 von auditiven Funktionen, so daß für alle P und e gilt: Realisiert e L bei P, so gibt es genau einen größten Abschnitt e_1 von e, der bei P L_1 realisiert und später ist als ein Abschnitt von e, der L_1 nicht realisiert.

b. Die Menge der *(inneren) Grenzfunktionen* für L $=_{df}$ die Menge gemäß (a).

Bei einem Verschlußlaut könnten Grenzfunktionen *die* auditiven Funktionen sein, deren Werte für P - bestimmte auditive Eigenschaften - 'dem Lösen des Verschlusses entsprechen'. Ich definiere nun:

(5.2) *Definitionen*. Es sei F die Lautfolge eines Silbenrahmens und i = 1 ,..., lg(F). Es sei L ein gelenkfähiger Laut.

a. e_1 ist ein *zweiter Teil* von e_2 bezüglich e, L, i, F, E und P g.d.w.g.:

(i) e_2 ist ein L-Segment in e bezüglich i, F und E bei P.

(ii) e_1 ist ein kleinster Abschnitt von e_2, für den gilt: Für alle e_3, ist e_3 ein Kern von L in e bezüglich i, F und E bei P, so gilt:

α. Der größte Abschnitt von e_3, der bei P die Menge der inneren Grenzfunktionen realisiert, ist ein Teil von e_1.

β. Jeder Abschnitt von e_2, der später ist als der Abschnitt in (α), ist ein Teil von e_1.

b. e_1 ist ein *erster Teil* von e_2 bezüglich e, L, i, F, E und P g.d.w.g.: e_1 ist ein kleinster Abschnitt von e_2, für den gilt: Für alle e_3, ist e_3 ein Abschnitt von e_2 und früher als jeder zweite Teil von e_2 bzgl. e, L, i, F, E und P, so ist e_3 ein Teil von e_1.

Im Rahmen der bisherigen Definitionen und Annahmen müßte sich - bei einer vernünftigen Theorie über die Teil- und Früher-Beziehungen - ableiten lassen:

(5.3) Unter den Bedingungen von (5.2) gilt:

a. Es gibt genau einen zweiten Teil von e_2 bezüglich e, L, i, F, E und P.

b. Es gibt genau einen ersten Teil von e_2 bezüglich e, L, i, F, E und P.

Man beachte, daß die Begriffe des ersten und zweiten Teils zwar den Begriff der Lautfolge, der Silbe (über die Definition von "gelenkfähig" in (5.1) und "Gelenk" in (3.1e)) sowie der Kernbereichsfolge (über die Definition von "L-Segment" in (4.7d)) voraussetzen, nicht aber die Begriffe der Silbenfolge oder der Lautsegment-Folge, die bei der Definition von "Silbensegment-Folge" die entscheidende Rolle spielen.

5.2 Silbensegment-Folgen: Grundgedanken

Der Begriff der Silbensegment-Folge kann gemäß den folgenden Grundgedanken definiert werden.

Gegeben seien die Lautfolge F und die Silbenfolge G eines Silbenrahmens. Wir betrachten eine Äußerung e des Rahmens. *Die Silbensegment-Folge in* der Äußerung *bezüglich* Lautfolge und Silbenfolge ist dann eine Folge E von Segmenten der Äußerung, welche dieselbe Länge hat wie die Silbenfolge und bei der jedes Segment in einer bestimmten Beziehung steht zu den Lautsegmenten der Lautsegment-Folge, die zu der Lautfolge und der Äußerung 'gehört'.

Es sei nämlich E(i) das i-te Segment der Folge E und G(i) die i-te Silbe der Silbenfolge G. Dann ist E(i) der kleinste Abschnitt der Äußerung, für den gilt: Er enthält den 'Anfangsteil zu i', den 'Schlußteil zu i' und jeden 'Mittelteil zu i', in dem folgenden Sinn.

Bestimmung des Anfangsteils zu i

Erster Fall. G(i) überschneidet sich nicht mit der in G unmittelbar vorausgehenden Silbe G(i-1), oder der erste Laut von G(i) ist identisch mit dem Laut, der ihm in der Lautfolge F unmittelbar vorausgeht oder folgt.

Dann ist der Anfangsteil zu i das Lautsegment, das dem ersten Laut der Silbe G(i) in der Lautsegment-Folge zugeordnet ist. (Bei Lautwiederholung wird also einfach auf die Lautsegment-Folge zurückgegriffen, unabhängig davon, ob Silbenüberschneidung vorliegt oder nicht.)

Zweiter Fall. G(i) überschneidet sich mit G(i-1), und Lautwiederholung in der Lautfolge liegt bei dem ersten Laut von G(i) nicht vor (Negation des Ersten Falles).

Dann ist der Anfangsteil zu i der *zweite* Teil des Lautsegments, das dem ersten Laut von G(i) zugeordnet ist.

Bestimmung des Schlußteils zu i

Erster Fall. G(i) überschneidet sich nicht mit der in G unmittelbar folgenden Silbe G(i+1), oder der letzte Laut von G(i) ist identisch mit dem Laut, der ihm in der Lautfolge F unmittelbar vorausgeht oder folgt.

Dann ist der Schlußteil zu i das Lautsegment, das dem letzten Laut der Silbe G(i) in der Lautsegment-Folge zugeordnet ist.

Zweiter Fall. G(i) überschneidet sich mit G(i+1), und Lautwiederholung liegt bei dem letzten Laut von G(i) nicht vor (Negation des Ersten Falles).

Dann ist der Schlußteil zu i der *erste* Teil des Lautsegments, das dem letzten Laut von G(i) zugeordnet ist.

Bestimmung der Mittelteile zu i

Ein Mittelteil zu i ist jeder Abschnitt von e, für den gilt:

(i) Er ist später als der Anfangsteil zu i und früher als der Schlußteil zu i.

(ii) Er ist entweder durch die Lautfolge F bedingt, oder er ist ein Lautsegment, das einem Laut in G(i) zugeordnet ist.

Mit dieser Bestimmung von E(i) - als 'Vereinigung' von Anfangsteil, Schlußteil und Mittelteilen - werden Abschnitte ausgeschlossen, die früher als der Anfangsteil und durch ihn bedingt sind oder die später als der Schlußteil und durch diesen bedingt sind. Der Ausschluß dieser Abschnitte bedeutet eine gewisse Erleichterung bei Entwicklung einer Analysemethode. Andererseits braucht nun auch die Silbensegment-Folge die Äußerung nicht zu erschöpfen, was sprachtheoretisch ein Nachteil ist. Die fraglichen Äußerungsteile könnten jedoch leicht eingeschlossen werden.

5.3 Definition von "Silbensegment-Folge"

Der Grundgedanke für die Definition ist verhältnismäßig komplex. Für seine Ausformulierung empfiehlt es sich daher, zunächst eine Reihe von Hilfsbegriffen einzuführen. Ich beginne mit zwei logischen Begriffen sowie allgemeinen Begriffen der Überschneidung und der (Laut-)Wiederholung (zu "G" und "F", "F_1" vgl. (3.3), zu "L" (1.10), "R" steht i.f. für beliebige Mengen; es sei daran erinnert, daß eine zweistellige Relation eine Menge von geordneten Paaren ist und die Erstglieder der Relation die ersten Komponenten dieser Paare sind):

(5.4) *Definitionen*

a. Es sei R irgendeine nicht-leere endliche zweistellige Relation, deren Erstglieder positive ganze Zahlen sind.

(i) *Die kleinste* R-*Zahl* [minR] = das kleinste Erstglied von R.

(ii) *Die größte* R-*Zahl* [maxR] = das größte Erstglied von R.

b. Es sei F eine Folge und (n,L) ε F.

L *an der Stelle* n *wiederholt sich in* F genau dann, wenn (n-1, L) ε F oder (n+1, L) ε F.

c. Es sei G eine Folge von nicht-leeren Mengen und (m,F) ε G.

(i) F *an der* m-*ten Stelle überschneidet sich vorn in* G genau dann, wenn es ein F_1 gibt, so daß gilt:

α. (m-1 , F_1) ε G;

β. für alle L, ist (minG(i), L) ε F, so ist (minG(i), L) ε F_1.

(ii) F *an der* m-*ten Stelle überschneidet sich hinten in* G genau dann, wenn es ein F_1 gibt, so daß gilt:

α. (m+1, F_1) ε G;

β. für alle L, ist (maxG(i), L) ε F, so ist (maxG(i), L) ε F_1.

Mit Hilfe dieser Begriffe explizieren wir als nächstes "Anfangsteil", "Schlußteil" und "Mittelteil":

(5.5) *Definitionen.* Es sei F die Lautfolge und G die Silbenfolge eines Silbenrahmens. Es sei E_1 eine Segmentfolge in e bezüglich E_2 und F bei P [E_1 ist also eine Lautsegmentfolge in e, E_2 die zugehörige Kernbereichsfolge.] Es sei i = 1,..., die Länge von G.

a. *Der Anfangsteil zu* i *bezüglich* e, F, G, E_1, E_2 *und* P = das e_1, für das (i) oder (ii) gilt:

(i) G(i) [d.h. die i-te Silbe von G] an der i-ten Stelle überschneidet sich vorn nicht in G, oder F(minG(i)) [d.h. der 'erste' Laut der i-ten Silbe von G] an der Stelle minG(i) [minG(i) = die kleinste Zahl n, für die es ein L gibt, so daß (n,L) Element der i-ten Silbe von G ist] wiederholt sich in F;
und
e_1 = E_1(minG(i)) [d.h. e_1 = das Segment, das in der Lautsegment-Folge E_1 an der Stelle minG(i) steht und also dem 'ersten' Laut der i-ten Silbe von G - nämlich F(minG(i)) - zugeordnet ist].

(ii) Die Bedingung in (i) ist nicht erfüllt [d.h. G(i) an der i-ten Stelle überschneidet sich vorn in G, und F(minG(i)) an der Stelle minG(i) wiederholt sich nicht in F];
und
e_1 = der zweite Teil von E_1(minG(i)) bezüglich e, F(minG(i)), i, F, E_2 und P [d.h. e_1 = der zweite Teil des Segments, das in der Lautsegment-Folge E_1 an der Stelle minG(i) steht und also dem 'ersten' Laut der i-ten Silbe von G - nämlich F(minG(i)) - zugeordnet ist].

b. *Der Schlußteil zu* i *bezüglich* e, F, G, E_1, E_2 *und* P = das e_1, für das (i) oder (ii) gilt:

(i) G(i) an der i-ten Stelle überschneidet sich hinten nicht in G, oder F(maxG(i)) [d.h. der 'letzte' Laut der i-ten Silbe von G] an der Stelle maxG(i) [maxG(i) = die größte Zahl n, für die

es ein L gibt, so daß (n,L) Element der i-ten Silbe von G ist] wiederholt sich in F;
und
$e_1 = E_1$(maxG(i)) [d.h. das Segment, das in der Lautsegment-Folge E_1 an der Stelle maxG(i) steht und also dem 'letzten' Laut der i-ten Silbe von G - nämlich F(maxG(i)) - zugeordnet ist].

(ii) Die Bedingung in (i) ist nicht erfüllt [d.h. G(i) an der i-ten Stelle überschneidet sich hinten in G, und F(maxG(i)) an der Stelle maxG(i) wiederholt sich nicht in F];
und
e_1 = der erste Teil von E_1(maxG(i)) bezüglich e, F(maxG(i)), i, F, E_2 und P [d.h. e_1 = der erste Teil des Segments, das in der Lautsegment-Folge E_1 an der Stelle maxG(i) steht und also dem 'letzten' Laut der i-ten Silbe von G - nämlich F(maxG(i)) - zugeordnet ist].

c. e_1 ist ein *Mittelteil zu* i *bezüglich* e, F, G, E_1, E_2 und P genau dann, wenn gilt:

(i) e_1 ist später als der Anfangsteil zu i bezüglich e, F, G, E_1, E_2 und P und früher als der Schlußteil zu i bezüglich e, F, G, E_1, E_2 und P.

(ii) Entweder (α) oder (β):
α. e_1 ist in e bei E_2 und P durch F bedingt.
β. Es gibt ein j und ein L, so daß (j,L) ε G(i) und $e_1 = E_1(j)$.

Mit Hilfe von "Anfangsteil", "Schlußteil" und "Mittelteil" können wir nun den Begriff der Silbensegment-Folge selber definieren:

(5.6) *Definition.* Es sei F die Lautfolge und G die Silbenfolge eines Silbenrahmens.

E ist eine *Silbensegment-Folge* in e bezüglich F und G bei P genau dann, wenn gilt:

a. E ist eine Folge.
b. Die Länge von E = die Länge von G.
c. Es gibt ein E_1 und E_2, so daß gilt:

(i) E_1 ist eine Segmentfolge in e bezüglich E_2 und F bei P.

(ii) Für alle i = 1,..., die Länge von G, E(i) ist ein kleinster Teil e_1 von e, für den gilt:

α. Der Anfangsteil zu i bezüglich e, F, G, E_1, E_2 und P ist ein Teil von e_1.

β. Der Schlußteil zu i bezüglich e, F, G, E_1, E_2 und P ist ein Teil von e_1.

γ. Jeder Mittelteil zu i bezüglich e, F, G, E_1, E_2 und P ist ein Teil von e_1.

Es ist offensichtlich, daß traditionelle *methodologische* Schwierigkeiten mit Silbensegmenten weitgehend *konzeptuelle* Gründe haben - ein realistischer Begriff des Silbensegments ist sprachtheoretisch aufwendig und setzt die sorgfältige Unterscheidung ähnlicher Gegenstände voraus (Lautfolgen, Silbenfolgen, Kernbereichsfolgen, Lautsegment-Folgen, Silbensegment-Folgen). Insbesondere ist bei seiner Definition zwar auf Lautsegment-Folgen Bezug zu nehmen, dieser Bezug reicht aber nicht aus wegen der Möglichkeit, daß verschiedene Teile desselben Lautsegments zu verschiedenen Silbensegmenten gehören können. In diesen Fällen darf man jedoch für die Aufteilung der Lautsegmente nicht schon auf Silbensegmente Bezug nehmen - was zu intuitiv kaum noch beherrschbaren, nur bei sorgfältigem Theorieaufbau lösbaren Problemen führt.

5.4 Ton- und Silbensegment-Folgen

Ich formuliere zwei weitere Annahmen zu normalen Äußerungen, welche die Existenz von Silbensegment-Folgen und ihre Beziehungen zu Tonsegment-Folgen betreffen:

(5.7) *Hauptannahme 2 zu normalen Äußerungen.* Für jede normale Äußerung e eines Silbenrahmens durch P gilt: Ist F die Lautfolge und G die (nicht-leere) Silbenfolge des Rahmens, so gibt es genau eine Silbensegment-Folge in e bezüglich F und G bei P.

Ich habe nicht überprüft, wie weit diese Annahme von früheren unabhängig ist (vgl. besonders (4.6) und (4.11)).

Tonsegmente sind in Silbensegmenten enthalten. Genauer nehme ich an:

(5.8) *Hauptannahme 3 zu normalen Äußerungen.* Für jede normale Äußerung e eines Silbenrahmens durch P gilt:
Wenn:
a. F ist die Lautfolge des Rahmens,
b. E ist die Segmentfolge in e bezüglich E_1 und F bei P,
c. G ist die (nicht-leere) Silbenfolge des Rahmens,
d. E_2 ist die Silbensegment-Folge in e bezüglich F und G bei P,
e. F_1 ist der (nicht-leere) Tonhöhenverlauf des Rahmens,
f. E_3 ist die Segmentfolge in e bezüglich E_4 und F_1 bei P,
dann:
g. für alle i ε {1,..., lg(F_1)},
(i) E_3(i) ist Teil von E_2(i);
(ii) für alle Elemente (j,L) des Nukleus von G(i), E(j) ist Teil von E_3(i).

Das i-te Tonsegment E_3(i) der Äußerung ist also Teil des i-ten Silbensegments E_2(i), nach (gi); und wenn der Laut L an der j-ten Stelle der i-ten Silbe G(i) zum Nukleus dieser Silbe gehört (in einem Sinne von "Nukleus", der im Zusammenhang mit (3.1) zu klären wäre), dann ist das j-te Lautsegment E(j) ein Teil des i-ten Tonsegments E_3(i), nach (gii).

Das Tonsegment kann, aber braucht nicht mit dem i-ten Silbensegment identisch zu sein. In der Frage, wann Identität vorliegt, sollte man sich gegenwärtig nicht festlegen.

Andererseits wird man wie in (gii) verlangen dürfen, daß die Realisierung des Silbennukleus stets ein Teil des Tonsegments ist. Im übrigen lasse ich offen, wie sich das Tonsegment zu den Lautsegmenten verhalten soll, die ganz oder teilweise zu dem Silbensegment gehören.

Hiermit schließe ich eine sprachtheoretische Skizze ab, von der ich hoffe, daß sie Theoretiker und Methodologen gleichermaßen zur Weiterarbeit einladen wird.

ZITIERTE LITERATUR

Kutschera, Franz von. 1975. Sprachphilosophie. 2., völlig neu bearb. u. erw. Aufl. (Uni-Taschenbücher 80). München, Fink.
Lieb, Hans-Heinrich. 1980. Wortbedeutung: Argumente für eine psychologische Konzeption. Lingua 52. 1-32.
- 1983. Integrational Linguistics. Vol. I: General Outline. (CILT 17.) Amsterdam, Benjamins.
Tarski, Alfred. 1937. An alternative system for P und T. Appendix E (161-172) in: J.H. Woodger. The axiomatic method in biology. With appendices by A. Tarski and W.F. Floyd. Cambridge.

REGISTER (Verweise auf durchgezählte Textstellen)

A. Variablen (auch mit Ziffernindizes)

e (1.10) - E (2.14) - F (3.3) - G (3.3) - l (1.10) - L (1.10) - P (1.10) -
ϕ (1.10) - Φ (1.10) - ρ (2.18) - T (2.4) - τ (2.7)
i, j, k, m, n: beliebige nicht-negative ganze Zahlen.

B. Annahmen

Artikulatorische Auffassung A (1.1)
Artikulatorische Auffassung B (1.6)
Auditive Auffassung: vorläufige Formulierung (1.8)
Auditive Lautauffassung (1.15)
Hauptannahme zu Tönen (2.20)
Hauptannahme 1 zu normalen Äußerungen (4.6)
Hauptannahme 2 zu normalen Äußerungen (5.7)
Hauptannahme 3 zu normalen Äußerungen (5.8)

C. Begriffe

Abschnitt (2.14 bii) nach (4.1)
abst (2.10)
Abstand (=Tonhöhenabstand) (2.10)
abstandsgleich (2.13)
a-Eindruck bei P (1.9)
akustisches Korrelat (1.14)
Anfangsteil (5.5.a)
Anlaut (3.1e)
artikulatorische Basis (1.14)
artikulatorische Eigenschaft (1.11)
artikulatorische Funktion (1.11)
auditive Eigenschaft (1.11)
auditive Funktion (1.11)
Auslaut (3.1e)
bedingt (4.4)
Dauer, relative (2.17)
entspricht (4.5)
erster Teil (5.2)
Folge (2.6)
Gelenk (3.1e)
gelenkfähiger Laut (5.1)
Glied einer Folge, i-te (2.6)
Grenzfunktion, innere (5.1)
größte R-Zahl (5.4a)
hat (3.6)
höher (2.9)
inkompatibel (1.15)
innere Grenzfunktion (5.1)
Intonation vor (3.6)
i-tes Glied einer Folge (2.6)
Kern(bereich) (4.7)
Kernbereichsfolge (4.1)
kleinster tonhöhenfähiger Abschnitt (2.15)
kleinste R-Zahl (5.4a)
klingt gleich hoch (2.3)
klingt höher (2.2)
KTA (=kleinster tonhöhenfähiger Abschnitt) (2.15)

lagegleich (2.13)
Länge einer Folge (2.6)
Laut (1.15)
Lautfolge eines Silbenrahmens vor (3.1)
Lautsegment-Folge (4.9)
liegen ebenso nah zusammen (2.13)
liegen höchstens so nah zusammen (2.11)
liegen näher zusammen (2.13)
liegt zwischen (2.9)
L-Segment (4.7)

max (5.4a)
Melodie (2.17)
Melodiefunktion (2.18)
min (5.4a)
Mittelteil (5.5c)

Nachlauf (4.3)
Nachsegment (4.7)
Nasal (1.3)
Nasal-bei-P (1.5)
niedriger (2.9)
Nukleus (3.1e)

Rahmen (=Silbenrahmen) vor (3.1)
realisiert (1.11)
relative Dauer (2.17)

Schlußteil (5.5b)
Segmentfolge (4.8)
Silbenfolge (3.4)
Silbenrahmen vor (3.1)
Silbensegment-Folge (5.6)
Strich-Funktion (1.11)
Stückelung (2.14)
Stufenfolge (=Tonhöhenstufen-Folge) (2.7)

Teil
- erster (5.2)
- zweiter (5.2)
Ton (2.20)
Tonhöhenabstand (2.10)
tonhöhenfähig (2.3)
Tonhöhenstufe (2.4)
Tonhöhenstufen-Folge (2.7)
Tonhöhenverlauf (3.6)
Tonsegment-Folge (4.9)

Übergang (4.10)
überschneidet hinten (5.4c)
überschneidet vorn (5.4c)
ununterbrochen (3.1c)

Verbindung (4.3)
Vorlauf (4.3)
Vorsegment (4.7)

wiederholt sich (5.4b)

zusammenhängend nach (4.1)
zweiter Teil (5.2)

FSC
www.fsc.org
MIX
Papier | Fördert
gute Waldnutzung
FSC® C083411

Kolibri 360 GmbH
Ferdinand-Jühlke-Straße 7
99095 Erfurt, Deutschland
produktsicherheit@kolibri360.de